KB147696

조리산업기사·기능장을 위한

한국의 맥, 전통음식

신미혜·이순옥·남상명 공저

Korean

Traditional Food

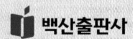 백산출판사

고명을 얹으며…

예부터 '밥이 보약이다'라고 하였습니다. 이제는 그 밥상이 세계인의 관심을 받게 되었습니다. 우리 고유의 깊은 맛! 그것은 오랜 기간 숙성된 장맛을 기반으로 계절을 옮겨놓은 반상문화가 그 답일 것입니다. 기다림이 있는 소박한 밥상에 과학이, 자연이, 예술의 혼이 담겨 있습니다. 밥상에 오색, 오미를 담으니 음양과 오행의 조화가 있어 오장육부를 이롭게 하는 건강식입니다.

음식은 그 시대의 자연환경, 가치관, 문화 등이 담긴 생명체입니다. 이제 조리인의 한 일원으로서 생명력 있는 전통음식을 계승·발전시켜 세계인의 음식이 될 수 있도록 사명감을 가지고 노력해야 할 것입니다.

한국음식이 세계인의 음식이 되기 위해서는 외국인의 기호에 맞게 다양한 맛과 멋을 개발해야 함은 물론이고, 그에 앞서 우리의 전통음식에 대한 깊은 이해와 지식이 필요하다고 봅니다.

이 책은 한국음식의 기원과 잊혀져 가는 우리 고유 조리법의 변천 및 조리용어를 정리하여 우리 음식에 대한 이해를 도왔으며 일반인도 쉽게 접할 수 있도록 기술하였습니다. 또한 전통음식을 배우고자 하는 학생들은 산업기사를, 일선 현장에 있는 조리 전문가들은 기능장을 준비하는 데 있어 고도의 실력을 향상시킬 수 있도록, 그간 출제되었던 문제들을 중심으로 전통음식과 각 지방의 대표적인 향토음식으로 나누어 구성하였습니다. 특히 각 음식의 이해를 돕기 위하여 역사적인 유래 또는 영양학적 상식 등을 서두에 넣었으며 TIP에는 조리기술적인 부문의 세부설명을 곁들여 좀 더 깊은 조리지식을 익힐 수 있도록 하였습니다. 또한 요리의 맛을 내는 가장 중요한 양념을 비율로 넣어 맛이 항상 일정하게 유지될 수 있도록 하였으며, 모든 레시피를 체계적이고 쉽게 적용할 수 있도록 최선을 다하였습니다.

　이 책이 나오기까지 많은 배려와 관심을 아끼지 않으신 백산출판사 진욱상 사장님 이하 직원 여러분께 감사드립니다. 또한 좋은 사진을 위해 수고를 아끼지 않은 이광진 작가님과 사랑하는 후배 및 제자들에게도 고마움을 전합니다.

　이 책이 세계 속의 한국음식이 되는 데 일조하기를 기원합니다.

2014년

저자 일동

차 례

제3장 후식 및 기타 안주류

제1장 한국의 음식문화

Ⅰ. 전통음식의 특징

우리나라의 전통음식은 우리의 기후·풍토·지질 등의 자연환경과 역사·사회환경·생활양식 등 여러 문화가 오랜 세월에 걸쳐 형성된 역사적 산물이라 할 수 있으며 조상의 지혜와 민족의 얼이 담겨 있다.

전통 식생활 풍습은 그 민족과 그들의 독특한 문화생활이 그 근저를 이루고 오랜 세월을 자연에 순응하며 그 변화를 이용하여 거주지역의 기후나 풍토에 알맞은 식품재료, 조리가공법 등을 개발·발전시켰다. 또한 상차림의 구성형식, 의례음식의 규범, 식생활 예절 등 고유한 식생활문화 양식을 형성하면서 면면히 후손들에게 이어지고 있다.

우리나라는 BC 4~5세기경 벼농사가 시작되었고 본격적인 농업국으로 발전한 삼국시대에는 식생활의 기본 틀인 주식과 부식 등 식생활체계가 확립되어 전통식생활의 기본이 형성되었다.

통일신라시대에는 불교의 숭상으로 차를 마시는 풍습이 유행하여 병과류가 널리 보급되었고 전문조리원이 생겨 조리기술이 발달되었다.

고려시대에는 청자의 발달로 식기류가 고급화되었고, 고려 후기에는 제례음식의 기준과 상차림이 완성되고 증류법으로 소주를 내리기 시작하였다.

조선시대에는 일상식에 있어서 식품의 균형된 배합의 원칙을 세웠고 제례, 혼례 등 통과의례 음식을 규범화시켰으며, 절식풍습을 관행화하여 보급시켰다. 후기에 이르러 전통상차림이 정립되었으며, 이후 전통음식은 다양한 일상 상차림으로 자리 잡게 되었다.

전통음식은 일상식과 의례음식의 상차림이 전혀 다른 구조로 발달되어 왔다. 일상식은 곡류로 지은 밥을 주식으로 하며 육류, 어패류, 채소류로 만든 음식을 부식으로 하여 주·부식의 구별이 뚜렷하다. 한편 혼례, 제례, 연회 등과 같은 의례음식은 떡류, 과정류, 주류, 음청류와 적류, 전류 등의 찬물을 주로 하며 여기에 면류가 따르게 된다.

이렇게 우리 민족의 생활여건에 가장 알맞게 형성되어 전통사회 속에서 우리 문화와 함께 발전되어 온 음식을 전통음식이라 하며, 왕실·반가의 화려했던 궁중음식, 일반 서민의 소박한 일상식, 그 지역의 토착성 짙은 향토음식을 통틀어 일컫는 말이다. 시간적인 측면에서 전통사회란 서구문화 도입 이전의 사회, 즉 개화기 이전의 사회를 나타내며, 개화기는 1870년대 이후의 19

세기를 두고 하는 말이므로, 이 시기 이전의 사회를 전통사회로 보고, 이때까지 사용되어 온 음식들을 전통음식으로 본다. 그러나 개화기 이후 외국에서 전래된 식품들은 그 식재료들이 이전까지 사용된 우리의 식품재료와 함께 섞여 만들어지거나 우리의 전통방법으로 조리되어 변형된 음식들도 전통음식으로 보아야 할 것이다.

개화기 이후 급격한 경제발전과 함께 식생활에 많은 변화를 가져왔다. 대가족에서 생성된 식생활은 핵가족화되면서 외식문화화와 단체급식의 증가를 가져왔으며 근래에는 외국 브랜드의 패스트푸드, 인스턴트식품, 가공식품들이 도입되어 범람하게 되었다. 그러나 최근 들어 우리 음식의 독창성과 영양적 우수함이 더욱 강조되어 건강식으로 대두되고 있다. 따라서 각 지방에서는 향토음식과 관련된 축제, 전통식품의 관광상품화 등을 통해 전통음식의 우수성을 알리고 계승·발전시키려는 노력들이 이루어지고 있다.

Ⅱ. 궁중음식의 특징

1. 궁중음식의 배경

한국의 음식문화는 여러 왕조가 계승되어 조선왕조까지 내려오면서 음식 만드는 법이 연마되어 이루어졌다. 조선시대 이전의 궁중음식의 역사는 고려 말에서 조선조 성종까지 기록한『경국대전(經國大典)』을 통해, 조선조 궁중음식의 역사는『진찬의궤(進饌儀軌)』,『진연의궤(進宴儀軌)』, 궁중의『음식발기』,『왕조실록』등의 문헌을 통해 의례의 상세함과 특히 기명, 조리기구, 상차림 구성법, 음식의 이름과 재료 등을 잘 알 수 있다. 그러나 실제 조리법은 마지막 주방상궁 한희순에게 전수받은 이들에 의해 재현·전승되고 있다.

궁중음식이 한국음식의 정수(精秀)라고 할 수 있는 것은 각 고을에서 들어오는 진상품을 가지고 조리기술이 뛰어난 주방상궁과 대령숙수(待令熟手)들의 손에 의해 최고로 발달되고 가장 잘 다듬어져서 전승되어 왔기 때문이다. 궁중음식이 사대부집이나 평민들의 음식과 판이하게 다른 것은 아니다. 이는 우리나라에서 동성동본이 결혼하지 않은 혼인의 관습에서 기인된다. 궁중의 혼인은 왕족끼리가 아닌 사대부(士大夫)가와 인연을 맺게 된다. 궁중의 생활양식을 비롯한 모든 문화는 혼인에 의해 자연히 왕족과 사대부가 간에 교류가 생긴다. 따라서 음식문화도 자연스럽게 사대부가에 전해져 발전되어 왔다.

2. 궁중음식의 식생활

가. 궁중의 연회식

궁중에서는 일 년 내내 특별한 행사가 연중 빈번하게 있다. 잔치의 규모나 의식절차에 따라 진연(進宴), 진찬(進饌), 진작(進爵), 수작(授爵) 등으로 나뉘는데 진연은 국가적인 행사가 있을 때 진찬은 왕족에 경사가 있을 때 베푸는 잔치로 진찬이 진연보다 규모가 작고 의식이 간단하다고는 하지만 연회음식의 내용은 크게 다르지 않다. 진작은 진연 때 임금께 술잔을 올리는 의식을 말하며 회작(會酌)은 진연 다음날에 다시 베푸는 잔치이다. 돌상은 한국 풍속으로 전해오는 축하잔치의 하나로 왕가나 민가를 막론하고 차려졌다. 진찬, 진연, 진작 등의 잔치를 실행하려면 임시관청인 진찬도감, 진연도감, 진작도감 등을 행사하기 수개월 전부터 설치하여 제반사항을 진행한다. 궁중에서는 조상을 섬기는 제사를 중하게 여겨 소상(小祥), 대상(大祥), 차례(茶禮), 기제사(忌祭祀), 시제(時祭) 등 여러 형식의 제례가 있었다.

나. 궁중의 일상식

궁중에서 평상시의 일상식은 대전, 중전, 대비, 대왕대비전에 각 분마다 아침과 저녁의 수라상과 이른 아침의 초조반과 조반, 석반, 두 번의 수라상 그리고 점심 때 차리는 낮것상과 밤중에 내는 야참으로 다섯 번의 식사를 올린다. 탕약을 안 드실 때는 이른 아침 7시 전에 초조반을 죽이나 응이, 미음 등의 유동음식을 기본으로 젓국찌개, 동치미, 마른 찬을 차리는 간단한 죽상을 마련한다.

낮것은 점심과 저녁 사이의 간단한 임매상으로 장국상 또는 다과상이다. 세 번의 식사 외에 야참으로는 면, 약식, 식혜, 우유죽 등을 올렸다.

3. 궁중의 주방

궁중의 살림은 중전이 총괄하여 각 궁에 상궁을 배치하고 각 처소에 업무를 분담시킨다.

일상의 식사는 각전에 딸린 주방에서 담당이 정해진 벼슬아치나 차비들이 만들어 올렸다. 왕과 왕비는 침전에서 수라를 드신다. 왕과 왕비의 수라 만드는 곳을 수라간(水剌間) 또는 소주방(燒廚房)이라고 하며, 침전과는 별채에 배치하고 있다. 수라상을 올릴 때는 배선실에 해당하는 퇴선간에서 상을 차리고 물린 상을 정리하며 생과방(生果房)에서 후식을 만들어 올린다. 그 밖에 궁중의 연회 때 임시로 가가(假家)를 지어서 설치한 주방을 주원숙설소(廚院熟設所), 또는 내숙설소(內熟說所)라고 하였다. 그리고 임시로 설치한 주방을 행주방(行廚房)이라 하였다.

▣ 궁중의 조리인

1) 주방상궁(廚房尙宮)

주방내인은 대개 10세 이상부터 시작한다. 주방내인들은 처소내인에 속하며 평상시는 왕과 왕비의 조석 수라상을 준비한다. 주방상궁이 되려면 13세에 입궁하여 스승을 정하여 20년간 전수를 받아 평생 소주방에서 음식 만드는 일을 한다.

주방상궁은 대개 40세가 지나서 되는데 이미 조리경험이 30년 이상 되는 전문 조리인이다.

2) 내시(內侍)

음식관련 업무를 맡는 내시는 상선(尙膳), 상온(尙醞), 상차(尙茶)가 있다. 음식을 직접 만드는 일보다는 전체를 주관하고 대접하는 일을 주로 맡는다. 특히 상선은 종2품 벼슬로 식사에 관한 일을 맡으며 정원이 두 명이고, 상온은 정3품 벼슬로 술에 관한 일을 맡으며 정원은 한 명이며, 상차는 정3품으로 차에 관한 일을 맡으며 정원은 한 명이다.

3) 대령숙수(待令熟手)

대령숙수는 조선시대의 남자 전문 조리사이다. 궁중의 잔치인 진연이나 진찬 때는 이들이 음식을 만들며 세습에 의해 그 기술을 전수한다.

4) 차비(差備)

『경국대전』형조(刑曹)에 궐내각차비(闕內各差備)에 관한 규정이 있다. 차비(差備)는 각 궁사(宮司)의 최하위 고용인으로 이들이 궁중식의 실무를 맡는다. 음식관련 업무자 중 반감(飯監), 별사옹(別司饔), 상배색은 상위 직급에 속한다. 반감은 어선(御膳)과 진상(進上)을 맡아보는 벼슬아치이고, 별사옹(別司饔)은 음식물을 만드는 구슬아치, 상배색(床排色)은 음식상을 차리는 구슬아치이다.

5) 기타 조리인

주자(廚子)는 지방관아의 소주(廚房)에 딸린 음식을 만드는 자를 이른다. 반비(飯婢)는 밥 짓는 일을 맡아하던 여자 종을 말하며 찬모(饌母)라고도 한다. 도척(刀尺)은 지방에서 음식 만드는 사람을 이른다.

Ⅲ. 향토음식의 특징

한반도는 지리학적 특성상 남북이 길고 동서로 좁은 지형이어서 북부와 남부지방은 기후에 큰 차이가 있으며 북쪽은 산간지대, 남쪽은 평야지대여서 산물이 서로 다르기 때문에 각 지방의 특산물이 생겨났고 따라서 산업형태도 달라진다. 아울러 사계절의 구분이 뚜렷하고 기후의 지역적인 차이가 있어 음식의 맛과 종류가 다르다. 북부지방은 긴 겨울 때문에 음식이 대체로 싱거운 편이고 남부지방은 비교적 온난하므로 음식의 간이 짜거나 매운 편이다. 과거에는 교통이 발달하지 못하여 교류가 적었으며 지방마다 풍습과 습관의 차이가 있어 각각 독특하고 개성있는 음식이 생겨날 수 있는 기반이 되었다.

향토음식은 그 지방에서 생산되는 특산재료를 사용해야 하며 그 지방의 조리법으로 옛날부터 그 지방 사람들이 즐겨 먹는 음식이며, 일반적인 전통음식의 개념보다 협의의 개념이라 하겠다. 각 지역 어디에나 있는 흔한 재료를 사용하더라도 조상들의 생활형태, 기후, 풍토 등 지역적 특성이 반영된 특유의 조리법이나 타 지방과 차별적으로 발전한 가공기술을 이용하여 발전시킨 음식이어야 한다. 예를 들어 강원도의 황태, 영광굴비, 안동의 간고등어, 춘천의 막국수, 평양냉면, 함흥냉면, 안동식혜 등이 있다. 또는 옛날부터 그 지방 행사와 관련하여 만든 음식으로 오늘날까지 전해져 오는 음식이어야 한다. 즉, 그 고장 사람들의 사고방식과 생활양식에 따른 여러 가지 문화적 행사를 바탕으로 발달해 온 음식인 것이다. 경상도의 경우 제사상에 올리는 상어고기나 전라도의 삭힌 홍어, 즉 홍탁 등이 그 예이다.

한민족의 식생활문화는 그들이 살고 있는 지역의 자연조건에 따라서 기본적인 틀이 이루어지고 그것이 역대 사회환경의 영향을 받으며 변천과 발전을 거듭한다. 그러나 각 지방의 향토음식은 1900년 중반까지는 고유한 특색이 있었으나 점차 산업과 교통이 발달하여 다른 지방과의 왕래와 교역이 많아지고, 물적·인적 교류가 늘어나서 한 지방의 산물이나 식품이 전국 곳곳으로 퍼지게 되고, 음식 만드는 솜씨도 알려지게 되었다. 산업사회의 발달로 인한 대중매체의 영향으로 재료나 조리법이 대중화되어 각 고장의 식생활은 획일화·동질화되어 가는 경향이 있으며 서구의 영향으로 점차 고유한 향토음식이 사라져 가는 실정이다.

따라서 우리 조상의 문화가 담겨 있는 고유한 음식문화 유산을 개발·전승하는 것이 필요하다.

1. 서울 및 경기도 음식

서울은 전국 각지의 여러 가지 식품이 서울로 집중되어 다양하고 화려한 음식을 만들었으며, 전국적으로 가장 화려하고 사치스러운 음식으로 손꼽히는 곳이다. 특히 서울은 조선왕조시대 5백 년의 도읍지였으므로 왕족과 양반계급이 많이 살던 곳이라 격식이 복잡하고 맵시를 보이는 음식이 특히 많다. 음식은 식품과 양념을 많이 써서 복잡한 맛을 내며, 간은 짜지도 맵지도 않은 중간 정도이다. 경기도는 서울을 가까이 하고 산과 바다에 면해 있는 지역으로 중부에 위치하여 자연조건이 비교적 좋은 편이다. 서해안은 해산물이 풍부하고 동쪽의 산간지방은 산채가 많고 밭농사와 벼농사도 활발하여 농산물이 풍부한 편이다. 음식은 대체로 수수하고 소박하고 간은 중간 정도이고, 양념을 많이 쓰지 않는 편이다. 개성, 충청도 및 서울 등 인접지역과 음식의 맛 및 명칭이 유사하다.

- 주식류 : 장국밥, 설렁탕, 잣죽, 떡국, 비빔국수, 국수장국, 팥밥, 개성편수, 조랭이떡국, 제물국수, 칼싹두기
- 찬류 : 육개장, 신선로, 떡찜, 갈비찜, 각색전골, 너비아니, 양지머리편육, 족편, 육포, 구절판, 어채, 전복초, 장김치, 삼계탕, 곰탕, 개성닭젓국, 감동젓찌개, 주꾸미조림, 송이산적, 연평도조기젓, 용인외지, 개성보쌈김치
- 병과류 : 봉우리떡(두텁떡), 각색편, 느티떡, 각색단자, 약식, 화전, 약과, 각색다식, 각색정과, 우메기, 여주산병, 개성경단, 근대떡, 수수도가니, 개성모약과
- 음청류 : 오미자화채, 흰떡수단, 진달래화채, 원소병, 보리수단, 대추차, 제호탕, 모과차, 계피차, 모과정과화채, 노랑장미화채, 배화채

2. 강원도 음식

강원도는 한반도의 척추구실을 하고 있는 태백산맥의 깊은 산골짜기와 동해바다에 면하고 있다. 그러므로 이 지방은 산촌과 해촌의 사이에 자리 잡고 있어 비교적 다양한 식생활을 하고 있다. 영서지방인 산악이나 고원지대는 옥수수·메밀·감자·배추 등이 많이 생산되고, 산에서는 도토리·상수리·칡뿌리·산채 등이 많이 생산되어 이를 구황식(救荒食)으로 먹었으며 지금은 기호식품으로 널리 애용되고 있다. 영동지방인 동해에서는 생태, 오징어, 미역, 다시마, 김, 지누아리 등의 해산물이 많이 나서 이들을 가공한 식품이 많고 젓갈류 등을 담근다. 강원도의 음식은 서울 음식과는 달리 사치스럽지 않고 소박하며 맛이 구수한 특징이 있다.

- 주식류 : 강냉이밥, 감자밥, 차수수밥, 메밀막국수, 감자수제비, 강냉이수제비, 감자범벅
- 찬류 : 삼시기국, 쏘가리매운탕, 대게찜, 감자부치미, 오징어순대, 동태순대, 올챙이묵, 메밀묵, 지누아리무침, 들깨송이부각
- 병과류 : 감자떡, 감자경단, 옥수수보리개떡, 메싹떡, 총떡
- 음청류 : 앵두화채, 책면, 연엽식혜, 강냉이차

3. 충청도 음식

충청도는 지리적으로 볼 때 북도는 바다에 접하지 않아 농업이 성하고, 남도는 서해에 면하고 있어 좋은 어장을 갖고 있으므로 해산물이 풍부하다. 주식의 주류를 이루고 있는 것은 밥으로서 흰밥을 으뜸으로 여겼으며 그와 함께 보리밥도 즐겨 먹는다. 충북 내륙의 산간지방에는 산채와 버섯이 많이 생산되어 이것으로 만든 음식이 유명하다. 이외에도 죽, 밀국수, 수제비범벅 등이 있는데 늙은 호박을 많이 쓰며 또 서해안에 가까운 지역에서는 국물을 낼 때 여름에는 닭과 소 합을, 겨울에는 특히 굴 같은 해물을 쓰는 것이 특징이다. 또한 된장을 많이 쓰며 겨울에는 청국장을 만들어 구수한 찌개를 끓인다. 충청도 음식은 그 지방 사람들의 소박한 인심을 나타내듯이 꾸밈이 별로 없고 구수하고 순한 맛이 특징이며 음식의 양이 많다.

- 주식류 : 콩나물밥, 보리밥, 호박풀대죽, 보리죽, 날떡국, 칼국수, 호박범벅, 나박김치냉면
- 찬류 : 다슬깃국, 굴냉국, 호박지찌개, 청국장찌개, 호박고지적, 장떡, 웅어회, 참죽나물, 오가리나물, 청포묵
- 병과류 : 꽃산병, 쇠머리떡, 햇보리떡, 곤떡, 무엿, 수삼정과
- 음청류 : 찹쌀가루, 천도복숭아화채, 미수

4. 전라도 음식

전라도는 전주와 광주를 중심으로 음식이 발달하였으며 조선시대의 양반풍을 이어받아 고유한 음식법을 지키고 있다. 지리적으로 볼 때 서해와 남해를 끼고 기름진 호남평야가 펼쳐져 있어 농산물이 풍부하며, 산채와 과일과 해산물이 풍부하다. 전주지방은 콩나물 기르는 법이 특별하고 좋아서 맛있기로 유명하며 고추장과 술맛이 좋고 상차림의 가짓수도 그 수가 가장 많아 외지 사람들에게 유명하며, 특히 음식솜씨가 좋아 혼인 이바지음식이 화려하게 발달했다. 기후가 온난하여 음식의 간은 센 편이고 고춧가루도 많이 써서 매운 편이며 젓갈의 종류가 많아 젓갈을 넣은 김치의 맛이 깊고 풍부하다.

- 주식류 : 전주비빔밥, 콩나물밥, 피문어죽, 대합죽, 냉국수, 고동칼국수
- 찬류 : 머윗깻국, 추탕, 죽순찜, 홍어어시욱, 붕어조림, 과오재애저, 용봉탕, 꼬막무침, 홍어회, 산낙지회, 굴비노적, 황포묵
- 병과류 : 감시리떡, 감고지떡, 나복병, 호박메시루떡, 호박고지시루떡, 전주경단, 해남경단, 우찌지, 생강정과, 연근정과
- 음청류 : 곶감수정과, 유자화채

5. 경상도 음식

경상도는 동해와 남해를 끼고 좋은 어장을 가지고 있어 해산물이 풍부하고 경상남·북도를 크게 굽어 흐르는 낙동강은 풍부한 수량으로 주위에 평야를 기름진 농토로 만들어 농작물이 풍성하다. 이 지방은 물고기를 고기라 할 만큼 생선을 즐겨 먹으며 해산물 회를 제일로 친다. 신선한 바닷고기를 국에 넣어 좋은 맛을 내며 젓갈의 종류도 많고 다양하다. 음식의 간은 소금간이 세고 매우며, 음식은 멋을 내고 사치한 음식이 아니라 해산물을 가미하는 음식이 매우 많다. 곡물음식 중에는 날콩가루를 섞어서 손으로 밀어 칼로 썬 부드러운 국수를 즐기며 국수장국의 육수를 만들 때 쇠고기보다 멸치나 조개를 쓰는 것을 좋아한다.

- 주식류 : 진주비빔밥, 무밥, 갱식, 통영비빔밥, 애호박죽, 닭칼국수, 건진국수
- 찬류 : 재첩국, 고동국, 추어탕, 미더덕찜, 아구찜, 상어돔배기구이, 김부치개, 동래파전, 안동식혜, 약대구포
- 병과류 : 모시잎송편, 밀비지, 만경떡, 쑥굴레, 칡떡, 유과
- 음청류 : 수정과, 유자화채, 유자차, 얼음수박, 잡곡미숫가루

6. 제주도 음식

제주도는 해촌, 양촌, 산촌의 세 지형으로 구분되어 있고 그 지형의 특색에 따라 생활양식도

차이가 있다. 해촌은 해안에서 고기를 잡거나 해녀가 잠수어업을 하며 해산물을 얻고, 양촌은 평야지대로 농업중심의 생활을 하며, 산촌은 산을 개간하여 농사를 짓거나 한라산에서 나는 버섯, 고사리, 갖가지 산나물을 채취하여 식생활을 하였다. 이 지방 사람들의 부지런하고 소박한 성품은 음식에도 그대로 나타나 음식을 많이 장만하지 않고 양념도 적게 쓴다. 음식의 간은 대체로 짜게 하는 편이며, 재료가 가지고 있는 자연의 맛을 그대로 살리는 특징이 있다. 또한 된장으로 맛 내는 것을 좋아한다. 죽이나 범벅이 많고 찬물 중에는 국이 많은 편이다. 수육으로는 돼지고기와 닭고기를 주로 쓰며 바닷고기는 말려서 두고 쓰거나 생선국을 많이 끓이고 회를 많이 먹으며 특히 제주에서만 잡히는 자리돔과 옥돔은 맛이 일품이다.

- 주식류 : 전복죽, 초기죽, 옥돔죽, 생선국수, 메밀저배기, 메밀만두
- 찬류 : 고사리국, 톨냉국, 돼지고기육개장, 옥도미구이, 상어산적, 초기전, 꿩적, 자리회, 돼지새끼회, 물망회, 양애무침
- 병과류 : 오메기떡, 빙떡, 상애떡, 돌래떡, 도돔떡, 닭엿, 꿩엿
- 음청류 : 술감주, 밀감화채, 자굴차, 소엽차

7. 이북 5도 음식

황해도는 북쪽지방의 곡창지대로 연백평야와 재령평야에서 쌀의 생산량이 많으며 잡곡의 질도 좋고 풍부하다. 사람들의 인심이 좋고 음식은 구수하고 소박한 것을 즐기며 사치하지 않고 겉모양을 내는 일이 별로 없이 무엇이든지 큼직큼직하게 만든다. 식성은 별로 짜지도 싱겁지도 않아 충청도의 식성과 유사하다. 평안도는 예부터 중국과의 교류가 많은 지역으로 성품이 진취적이고 대륙적이어서 음식의 솜씨도 먹음직스럽게 크게 하고 푸짐하게 많이 만들어 서울 음식이 작게 하고 기교를 많이 부리는 것과 매우 대조적이다. 함경도는 음식의 간이 짜지 않고 담백하나 마늘, 고추 등 양념을 강하게 쓴다. 함경북도로 올라갈수록 시원스럽고 야성적이며 장식도 단순하여 기교를 부리거나 사치스럽지 않다. 양강도와 자강도는 음식의 양이 풍부하며 간은 중간 정도이며 고수 같은 향초를 사용한다.

- 주식류 : 김치밥, 비지밥, 김치말이, 온반, 평양냉면, 어복쟁반, 평안만둣국, 굴린만두, 찐조밥, 얼린콩죽, 옥수수죽, 물냉면, 감자막가리만두
- 찬류 : 되비지탕, 김치순두부찌개, 호박지, 묵장떼묵, 내포중탕, 콩비지, 녹두지짐, 돼지순대, 세천어국(천렵국), 가자미식해, 원산잡채, 함경도대구깍두기, 채칼김치
- 병과류 : 잔치메시루떡, 무설기, 오쟁이떡, 닭알범벅, 무정과, 송기떡, 골미떡, 조개송편, 함경도인절미, 달떡, 오그랑떡, 괴명떡, 꼬장떡, 언감자떡, 만두과, 콩엿강정
- 음청류 : 연안식혜, 식혜(단감주)

제2장 조리법의 변천

Ⅰ. 주식의 기원과 변천

1. 죽의 변천

인류는 농경문화가 시작되면서 곡물을 이용하여 죽을 만들었던 것으로 보인다. 토기(土器)를 갖게 되면서 토기에다 물과 곡물을 넣어서 가열한 것, 이것이 바로 죽(粥)의 시작이다. 중국 상고시대의 유교경전인『서경(書經)』에 황제의 전설에 죽(粥)이라 표기되어 나오며『예기(禮記)』에는 죽에 전(된죽→전, 범벅→전)과 죽(粥, 미음→죽)의 두 가지로 표현되었다. 아마도 된죽은 쇠솥의 보급에 따라 밥으로 발전하였을 것이다. 우리나라는 출토유물을 통해 죽이 있었음을 알 수 있으나 고려 이전 문헌에는 이에 관한 단어가 몇 개 보일 뿐이다. 조선시대의『청장관전서(靑莊館全書)』(1975)에서 '죽 파는 소리'라는 표현이 있는 것으로 보아 이때 죽이 보편화된 음식이었음을 알 수 있다.『증보산림경제』에는 흰죽을 끓일 때 사용하는 그릇과 물에 대한 설명이 나와 있다.『임원십육지』,『요록』,『시의전서』,『군학회등』,『규합총서』등 조리서에 팥죽, 무죽, 쇠비름죽, 보리죽, 방풍죽, 지황죽, 구기죽, 매화죽, 행인죽 등 다양한 죽의 종류가 나온다. 밥이 주식으로 되면서 죽은 별식이나 보양식으로 발전하였으며 궁에서는 보양식으로 한약을 드시지 않는 날에 죽을 초조반으로 드리기도 하였다. 죽의 기본재료는 곡물이지만 곡물 외에 나물, 어패류, 수렵한 고기 등을 섞어 끓였을 것이다. 특히 전복, 잉어, 굴, 홍합, 소양, 닭, 가물치 등으로 죽을 쑤어 보양식으로 먹었으며 궁중에서는 우유를 넣은 타락죽을 먹었다.

죽은 조리법에 따라 미음, 의이, 원미, 암죽 등으로 다양하게 발달하였다.

미음(米飮)은 곡식에 10배의 물을 부어 쌀이 껍질만 남을 정도로 충분히 고아서 체에 맑게 거른 것이다. 의이(薏苡: 응이)는 율무를 가리키는 말이다. 율무 껍질을 벗기고 물에 불려 맷돌에 갈아서 앙금을 안치고 이 앙금을 말려두었다가 죽을 쑤는 것이 의이다.『아언각비』에는 수수의이, 갈분의이, 녹말의이, 메밀의이를 습관적으로 쓰는데 이는 잘못되었다고 지적하고 있다. 의이는 곡물을 갈아서 쑤는 죽과는 다르다. 그러나 언제부터인지 곡물을 갈아서 앙금을 얻어 쑨 죽의 통칭으로 죽 이름의 하나로 사용되고 있다.

원미(元米)는 곡물을 굵고 동강나게 갈아서 쑨 죽으로『시의전서(是議全書)』에 장국원미법과 소주원미법이 기록되어 있다. 씻어 말린 멥쌀을 맷돌에서 쌀알이 반씩 갈라질 정도로 간 다음 체에 쳐서 싸라기만을 거두어놓고, 물이 끓을 때 싸라기를 넣고 농도를 조절하면서 쑤며 보통 흰죽보다 약간 되직하게 쑨다. 여기에 약소주와 설탕을 가미하여 얼음을 띄워 차게 하여 여름철 별미로 먹는데 서양의 오트밀과 유사하다.

암죽은 예전에 모유가 부족한 아기에게 우유대용식으로 먹이던 묽은 죽이다. 이것은 곡식가루를 이용하여 백설기를 만든 다음 얇게 썰어 볕에 말려 다시 가루를 만들어 밥물에 타서 끓인 것이며 소화율이 좋아 유아식 또는 노인이나 환자식으로 좋다.

범벅도 죽의 한 종류라 볼 수 있는데 1700년대의『음식보』에 나와 있으며 감자범벅, 옥수수범벅, 호박범벅 등이 있으며 풀처럼 되게 쑨 것이다.

2. 밥의 변천

벼는 기원전 6~7세기경의 청동기시대에 들어와 벼농사가 시작된 것으로 추측되며 삼국시대 이후에 농경이 확립되면서 한강 이남에서 주로 쌀을 주식으로 하게 되었다. 통일신라 이후 고구려 지역에도 벼농사가 보급되었다. 토기의 발달은 음식을 조리하고 저장할 수 있게 하였고 발효음식에 이르기까지 음식문화에 큰 발달을 가져오게 하였다. 처음에 밥짓기는 토기에 곡물과 물을 넣고 가열하는 죽의 형태였으며, 토기 기술의 부족으로 토기가 단단하지 못해서 장시간 가열하면 죽에서 토기의 흙냄새가 나서 맛이 좋지 않았다. 그러나 시루가 생겨남에 따라 곡물을 시루에 찌게 되었고 고구려시대에는 시루에 밥을 쪄서 먹었다는 기록이 있다. 여기에는 곡물을 한번 쪄서 얻은 밥을 '분(饙)'이라 하고, 이것을 장시간에 걸쳐 더 많이 쪄냄으로써 연하게 한 것을 '류(餾)'라 표기하였다. 그래서 신석기시대까지의 밥은 곡물을 쪄서 먹는 형태였고 이후 철로 만든 솥이 보급됨에 따라 밥짓는다는 뜻의 취(炊)가 발달하게 되었다.

삼국시대에 모든 사람들이 쌀밥을 주식으로 한 것은 아니고 서민들은 주로 조나 보리와 같은 잡곡이 주였다. 고려시대에 귀족들은 사치스러운 식생활을 하였으며, 쌀, 조, 보리로 관리들의 봉급을 나누어주었다는 기록이 있다. 반면, 서민들은 기장 등으로 잡곡밥을 지어 먹었다.『옹희잡지』,『임원십육지』,『인사통』 등에는 조선시대의 밥짓는 방법에 대해 세세히 기록되어 있다. 『산림경제』에서는 비름잎을 밥에 사용하는 방법을 설명하였고,『임원십육지』에서는 일본의 연잎

밥을 소개하기도 하였다. 『지봉유설』에서는 남방에서 대나무밥을 먹는다는 구절이 있다. 또한 기근으로 인해 곡물이 부족한 시기에 주로 먹었던 구황식품을 이용한 죽, 밥 등도 구체적으로 기록되어 있다. 그런가 하면『열양세시기』에는 찹쌀을 쪄서 여기에 밤, 대추, 참기름, 꿀을 넣고 쪄서 만드는 약밥에 대한 기록이 있다. 비빔밥은『시의전서』에 부븸밥(汨董飯)으로 표기되어 있다. 골동반(汨董飯)이란 이미 지어놓은 밥에다 여러 가지 찬을 섞어서 한데 비빈 것을 말한다. 밥에 대한 표현을 보면 진지는 밥의 높임말이고 한자로 진지(進支)로 표기한다. 메는 제사 때 제상에 올리는 밥이지만, 궁중에서는 밥을 가리키는 말이다. 수라는 궁중용어로서 임금에 올리는 진지를 가리키는 말이다.

3. 국수의 변천

국수에 대한 기록은 고려시대부터 나타난다. 『옹희잡지』(1800년대초)에서는 우리나라 풍속으로 건(乾)한 것은 병(餠)이라 하고 습(濕)한 것을 가리켜 면(麵)이라 하였다. 면(麵)은 국수를 뜻하는 것이며 끓는 물에 삶거나 물에 넣는 것을 뜻하는 것으로 습면(濕麵)이라 표현했다.

중국의 국수는 밀로 만든 것만을 말하지만 우리나라는 주로 메밀가루로 만들었으며 메밀 이외에 녹말, 콩 등도 사용하였다. 『고사십이집』에 의하면 "국수는 본디 밀가루로 만든 것이나 우리나라에서는 메밀가루로 국수를 만든다"고 하였다. 『고려도경』(1123년)에는 "고려에는 밀이 적었기 때문에 화북에서 수입하고 있다. 따라서 밀가루 값이 매우 비싸서 성례 때가 아니면 먹지 않는다"고 하였다. 1600년대에는 메밀이 주로 국수재료였다는 것을 알 수 있다.

1600년대의 조리서인『음식디미방』과『주방문』에서는 메밀에 녹말을 섞어 절면(切麵)을 만들고 있는데, 이때 뜨거운 물로 반죽하고 있다. 일본의『본조식감』에는 메밀가루를 반죽하여 면봉으로 밀가루를 뿌려 가면서 얇게 밀고 이것을 3~4겹으로 접어서 끝에서부터 잘게 썰어 나간다고 제법을 설명하고 있다. 메밀가루만의 국수는 끊어지기 쉽기 때문에 연결제로써 밀가루를 섞었다. 『음식디미방』에는 밀가루 이외에 녹말, 달걀 등도 연결제의 구실을 하였다고 했다.

『음식디미방』과『주방문』에는 압착면에 관한 기록이 있는데 지금의 국수틀을 이용해서 국수를 만드는 방법이 아니라 바가지 밑바닥에 구멍을 뚫어 녹말풀을 담아 끓는 물 위에서 아주 높이

들고 박을 두드리면 밑으로 흘러내리게 된다. 이것을 끓인 후 건져내면 면이 모시실 같다고 하였다. 『증보산림경제』에서는 "메밀가루 1두에 녹두가루 2승을 반죽하여 국수틀에 넣어 압착하여 국수를 뽑아내고 이것을 장수에 삶아 먹는다"고 하였다.

조선시대의 면류는 삶아낸 후 반드시 냉수에 담그는데 여열로 국수의 끈기가 약해지는 것을 막고 표면의 전분을 씻어내고자 한 것이다. 이것이 현재 경북 안동의 건진국수이다.

1600~1700년대에는 나화, 탁면, 착면(着麵), 창면(昌麵) 등도 등장한다. 여름에 먹으면 갈증을 해소할 수 있는 국수다. 『음식디미방』의 녹두나화에 대한 기록을 보면 "싀면가루를 물에 풀어 넓은 그릇에 떠놓고 끓는 물에 중탕하여 한데 어리면 말갛게 익게 된다. 이것을 냉수에 담가 떠서 식거든 편편히 지어 썬다"고 하였다. 또한 "메밀가루에다 녹말이나 밀가루를 섞어서 만든 나화를 오미자국에 잣을 웃기로 타면 여름 음식으로 가장 좋은데 이것을 착면이라 한다"고 하였다. 『임원십육지』에서는 창면(暢麵)이라고 하였는데 오미자 국물에 만 나화를 탁면, 착면(着麵), 창면(昌麵), 창면(暢麵) 등으로 부르고 있다. 바가지에 넣거나 국수틀을 써서 실같이 뽑아낸 면을 사면(絲麵), 세면(細麵), 싀면 등으로 부르며 『주방문』에서는 작은 구멍으로 새어 나와서 실처럼 된다고 하여 누면(漏麵)이라 하였다.

냉면은 1800년대에 『동국세시기』에 처음 나타난다. 겨울철의 시식(時食)으로서 메밀국수에 무김치, 배추김치를 넣고 그 위에 돼지고기를 얹은 냉면이 있다고 하였다. 냉면은 주로 북부지방에서, 밀가루국수는 남부지방에서 발달하였다. 『부인필지』에는 동치미국에 국수를 말고 무와 배, 유자를 얇게 저며 넣고 제육을 썰어 넣고 계란을 부쳐 채쳐 넣고 호초, 잣을 넣으면 명월관 냉면이라 한다고 했다. 냉면은 지역에 따라 조리법이 다르게 발달하였는데 평안북도에는 메밀이 많이 생산되므로 메밀가루에 녹말을 약간 섞어서 만든 압착형 국수에 꿩국과 동치미국물을 사용하였다. 함흥냉면은 국수 올이 질기고 오들오들한 것이 특징인데, 함흥지역이 감자생산이 많으므로 감자녹말을 사용하였기 때문이다. 반면에 평양냉면은 면발이 굵고 메밀가루를 주로 하여 면을 뽑기 때문에 구수한 맛이 나며 면이 잘 끊어지는 특징이 있다. 지금의 물냉면의 시초라 볼 수 있다. 전주냉면은 메밀은 조금 사용하고 옥수수가루나 밀가루를 많이 넣었으며 돼지고기는 사용하지 않는다.

4. 만두의 변천

『사물기원(事物紀原)』에 의하면 만두는 중국 남만인(南蠻人)들의 음식이라 한다. 제갈량(諸葛亮)이 멀리 남만을 정벌하고 돌아오는 길에 심한 풍랑을 만나게 되자 종자(從者)가 만풍(蠻風)에 따라 사람의 머리 49개를 수신(水神)에게 제사를 지내야 한다고 진언하여, 제갈량은 살인을 할 수는 없으니 만인의 머리 모양을 밀가루로 빚어 제사를 지내라 하여 그대로 했더니 풍랑이 가라앉았다는 고사가 있으며, 이것이 만두의 시초라고 한다. 만두가 한국에 전래된 것은 조선 영조 때의 사람 이익(李瀷)의 글에 만두 이야기가 나오는 것으로 보아 조선 중기 이전으로 추측된다. 중국의 만두는 우리가 생각하는 지금의 만두가 아니라 밀가루를 발효시켜 고기나 채소를 소로 삼고 시루에 쪄낸 발효성 떡과자이며 이것이 일본으로 전해지고 같은 시기에 우리나라에도 전해졌는데 중국과 일본에서는 만두가 떡과자인 반면 우리나라에서는 상화(霜花)란 이름으로 불리었다. 상화는 지금의 만두와는 다르며 『육조의례』에 의하면 중국 사신들이 오면 그들을 대접하는 데 썼다고 한다. 당대(唐代)에 혼돈(餛飩)이란 말이 나오는데 우리말로는 떡만두라는 뜻이다. 기록에 의하면 혼돈은 지금의 교자(餃子)의 다른 말로서 소를 넣고 탄환모양으로 하여 쪄서 먹거나, 고기를 넣어 육즙에 넣은 것이라고 하였다. 오늘날의 교자가 그것이며 뜨거운 물 속에서 끓이는 물교자, 맑은 장국에서 끓이는 장국교자, 쪄내는 증(蒸)교자 등이 있다. 우리나라의 물만두는 탕(湯)교자에 해당하는 것이라 하겠다.

　조선시대의 『음식디미방』을 보면 지금의 만두 만드는 방법과 유사하며 석류탕이 나오기도 한다. 만두의 명칭을 살펴보면 궁중에서 둥근 것을 반만 접어서 주름을 내지 않고 반달 모양으로 빚어 만든 것을 병시라고 한다. 병시는 만두를 더운 장국에 넣어 끓이는 겨울음식으로 특히 북쪽지방에서 즐겨 만들며 만두피는 되도록 얇아야 맛이 있다. 편수는 사각 진 모양의 여름 만두로 오이와 호박이 소의 주된 재료로 이용된다. 규아상은 모양이 해삼처럼 생겼다 하여 미만두라고도 하며, 석류탕은 석류 모양으로 생겼다 하여 이름이 붙여졌으며 모두 만두의 일종이다.

Ⅱ. 부식의 기원과 변천

1. 국의 변천

국(羹)은 통일신라시대에 이르러 문헌에 보이며 고려시대에 그 종류가 다양해져 우리 식생활의 기본적인 상차림 구조를 형성하게 되었으며 대표적인 부식으로 자리 잡게 되었다. 국의 명칭은 여러 가지로 불리며 변화해 왔는데 갱(羹), 확(臛), 탕(湯)이라고도 한다. 갱은 채소가 섞인 고깃국이고, 확은 채소가 섞이지 않은 고깃국이라 풀이하고 있다. 갱의 경우 아직 제사에 국의 명칭으로 사용되고 있다. 『옹희잡지』에 의하면 채소를 넣지 않는 갱도 있고, 확은 채소 없이 동물성 식품으로 끓인 것이며, 갱과 탕은 문헌마다 조금씩 다르게 표기하고 있다. 『임원십육지』에 탕이란 표현이 나오는데 탕(湯)이란 약용식물을 뜨거운 물에 달여서 마시는 음료라 하였으며, 『동의보감』에는 약이(藥餌)성 재료를 뜨거운 물에 달여서 질병과 보강제로 사용하는 것이라 하였다. 이는 약식동원(藥食同源)의 의미에서 탕이란 용어를 국에 사용한 것으로 보인다. 국은 맑은장국, 토장국, 곰국, 냉국으로 나뉜다. 맑은장국은 고기를 한 번 삶거나 볶은 뒤 건져낸 뒤에 국물을 넣고 다시 고기를 넣어 끓이는 방법으로 국을 맑게 하였다. 국의 간은 소금과 장으로 하였으며 조선요리법의 조기국에는 초를 사용하기도 하였다. 국의 용도는 밥과 국의 분리로 반상의 기본이 되었으며 제사용, 해장용 등으로 이용되었다.

2. 찌개, 전골의 변천

1) 찌개

국물이 있는 조리법은 국에서 분리되어 국물의 양에 따라 다르게 사용되었는데 조치, 찌개, 지짐 등이 있다. 또한 탕보다 국물이 적은 것을 찌개라 할 수 있는데 궁중에서는 이것을 조치라 하였다. 『시의전서』의 목록에 "좃치: 각색 찌개 이름이 좃치"라고 적혀 있으며 재료에 따라 골조치, 처녑조치, 생선조치 등을 들어서 설명하였다. 또한 조미하는 재료에 따라 간장으로 하는 것을 맑은 조치, 고추장이나 된장에 쌀뜨물로 하는 것을 토장조치라 하였다. 궁중이나 상류층의 조치는 주로 맑은 조치이나 서민의 조치는 주로 토장조치이다.

지짐이는 찌개보다 국물이 많은 것을 뜻하는데, 지짐이를 궁중에서는 감정이라 한다. 감정은 주로 고추장으로 조미하였고 지짐이는 또 하나의 조리법으로 분류되었다.

이용기의 『조선무쌍요리제법』에는 "대체로 국보다 지짐이가 맛이 좋고 지짐이보다 찌개가 맛이 좋은 것은 적게 만들고 양념을 잘하는 탓이며, 큰 냄비나 큰 둑술이에 끓여서 보시기에 여러 군데 떠내어 먹는 것은 찌개라 할 수 없고 지짐이라 할 것이니"라고 하였다.

2) 전골

전골(氈骨)은 냄비요리로서 찌개와 비슷하면서도 찌개는 미리 끓여서 내놓는 데 비하여 냄비요리는 불에 냄비를 얹어 놓고 요리하면서 먹는 것이 특징이다. 전골의 기원은 전쟁 중에 변변한 기구가 없어 철모(전립, 벙거지)를 벗어 고기나 생선 같은 음식들을 끓여 먹은 것이 지금의 전골의 냄비형태가 된 것으로 보인다.

『진찬의궤』에는 전골이 두 가지 형태로 나타난다. 군사들이 쓰는 전립모양의 그릇에 고기와 채소를 넣어 끓여 먹는 찌개 형태와 편편한 곳에 고기를 구워서 먹고 가운데 움푹한 곳에 야채를 데치는 구이형태였다. 이것이 육수를 끓이는 냄비전골로 바뀌었다.

3. 전, 적, 구이의 변천

1) 전

전(煎)은 육류·어패류·채소류 등 전감의 두께를 얇고 고르게 저미고 크기와 모양을 일정하게 하며, 꼬챙이에 꿰지 않고 밀가루와 달걀물을 씌워 기름에 부치는 것을 통틀어 이르는 말이다. 열이 오른 번철에 옷 입힌 재료를 놓아 눋도록 지져내는 것이며 이것을 궁중에서는 전유화(煎油花)라 적고 전유어라 읽는다. 또 다른 말로 '저냐' 또는 '전'이라 한다.

특히 전(煎)은 '지지다'와 '차나 약을 달이다'는 뜻도 가지고 있어 국물을 부어 달여 끓여내는 의미도 있고, 소량의 기름을 두르고 재료를 지져내는 지짐개로도 쓰였다.

2) 간남

간남(肝南)은 제사에 쓰이는 전유어를 가리키며 간납, 갈랍이라고도 한다. 이는 제사에서 간구이를 남쪽에 진설하는 데서 간구이가 간남이 된 것으로 보인다.

3) 구이

구이란 본래 꼬챙이에 꿰거나 석쇠, 적쇠로 직화구이하는 적(炙)과 철판이나 돌 위에서 간접불로 굽는 구이로 나눌 수 있다.

『조선요리제법』에서는 적과 구이로 나누었는데 적은 산적을 말한 것이다. 『조선무쌍요리제법』에서도 적과 구이로 나누며 역시 적은 꼬챙이에 꿰어서 굽는 것을 말한다. 돌 위에 굽던 것이 철이 발달한 뒤로는 철판 위에 굽게 되었고 이것을 번철(燔鐵)이라 하였다. 또한 1800년대에는 꼬챙이를 사용하던 것이 철 생산이 많아지면서 석쇠를 이용하게 되었다.

우리나라의 대표적인 고기구이는 고구려 사람들의 조리법인 맥적이다. 고려시대의 숭불사상으로 사라졌으나 몽골에 의해 다시 이어지게 되었다. 그러나 설하멱(雪下覓)이라는 이름으로 이어져 왔으며 이것이 오늘날의 너비아니이다.

4) 적

적은 크게 산적·누름적·지짐누름적으로 나눌 수 있다. 산적은 익히지 않은 재료를 같은 길이로 썰어 꼬챙이에 꿰어 굽는 구이이고, 누름적은 재료를 익혀 꿰는 것이며, 지짐누름적은 익힌 재료를 꼬챙이에 꿰어 밀가루를 묻히고 계란을 씌워 지지는 전의 일종이다. 궁중에서는 어음적(於音炙)이라 하였다.

산적을 『옹희잡지』에서는 한자로 산적(簨炙)이라 표기하여 산가지 산(簨)으로 적고 있다. 고기를 2~3촌(寸) 길이로 자른 모양이 산개비와 같다고 하여 붙인 표기인 것으로 보인다. 『진찬의궤』에서는 산적(算炙)이라 적었다.

5) 느르미와 느름적

누르미란 용어는 현재도 볼 수 있는데 '화양적'을 '화양누르미'라고 하는 것에서 엿볼 수 있다.
느르미(누루미)란 원래 찌거나 구운 것에 진한 즙(汁)을 끈적하게 끼얹은 것이라 하겠다.

1700년대의 것으로 보이는 『음식보』에는 '쇠고기 느르미법'을 날고기나 허파 삶은 것에 도라지나 참버섯을 섞어서 굽고 여기에 즙(汁)을 치고 양념한다고 설명되어 있다.

그러나 점차 요리법이 발달되면서 느르미법은 사라지고 느름적이 등장하게 되었다. 요리한 다음 즙(汁)을 치는 형태가 아니라 미리 밀가루, 계란흰자위로 옷을 입혀 번철에 지지는 지짐산적 형태의 것이 나타나서 이것을 느름적이라고 하게 되었다.

4. 찜, 선, 조림의 변천

1) 찜

찜의 어원은 『증보산림경제』, 『우육증방(牛肉蒸方)』에 나타나는데, 그릇 안에 고기와 술, 초, 장 등 조미액을 알맞게 넣고 입구를 막아 뭉근한 불로 중탕하는 방법이 기록되어 있다. 조선시대의 찜 요리법 중 수증기를 이용하지 않는 삶기찜, 중탕식 찜, 압력솥식 찜의 경우는 증(烝)이라 구분하여 표기하였다.

찜은 100℃의 수증기 속에서 물의 기화열을 이용하여 가열하는 조리법으로 물의 잠열을 이용하여 식품을 가열한다. 찜은 수증기를 이용한 조리법과 닭찜같이 국물을 적게 하여 조림과 비슷하게 하는 찜이 있다.

수증기를 이용한 찜으로는 알찜, 두부찜, 산마찜 등이 있으며, 물이 끓기 시작하면 약한 불에서 쪄야 부드러운 질감의 요리가 될 수 있다. 이때 찜솥에 너무 많은 양의 물을 넣으면 끓을 때 넘쳐서 요리의 맛을 잃게 되므로 용기의 40~50%가 적당하다.

또한 재료를 1차로 삶아내어 다시 양념장에 조리는 방법으로 닭찜 · 우설찜 · 갈비찜 · 떡찜 · 사태찜 등이 있다.

2) 선

'선(膳)'은 반찬 선, 먹을 선으로 좋은 음식이란 뜻이다. 선은 찜과 비슷한 조리법으로서 주재료가 식물성인 것이 공통점이고, 호박, 오이, 가지와 같은 식물성 재료에 쇠고기, 버섯 등으로 소를 넣는다. 그러나 『조선무쌍신식요리제법』의 양선, 두부선, 계란선 등은 소를 넣는 것이 아니지만 선으로 표기되기도 하였다.

3) 조림

조림의 궁중용어는 '조리니'라 하고 한자로는 『훈몽자회』에 볶을 오(熬)로 표기하였다. 1700년 대까지 조림이란 말이 보이지 않았는데 『시의전서』에 장조림법으로서 조림이란 말이 비로소 나타났다. 조림은 재료에 국물을 끼얹어 가며 조리는데, 처음에는 센 불에서 가열하다가 중불에서 은근히 속까지 간이 배도록 조리는 것이 좋다.

초(炒)는 조림과 비슷한 방법이나 윤기가 나는 것이 특징이다. 조림의 국물에 녹말가루를 풀어 넣고 익혀서 그것이 재료에 엉기도록 하였다. 싱겁고 달콤하게 졸여 국물이 거의 없어지게 하는 요리법이다. 『조선무쌍요리제법』에서는 초(炒)의 개념을 "국물이 더 바특하여 찜보다 조금 국물이 있는 것이다"라고 설명하였다. 초(炒)조리법은 이용되는 양념에 따라 장볶이, 고추장볶기 등의 명칭이 생겼고, 전복초, 홍합초와 같이 주재료에 따라서도 명칭이 생겼다. 초는 건열조리보다는 습열조리법이다.

볶음요리의 하나로 두루치기가 소개되고 있는데, 두루치기는 재료를 적당한 크기로 썰어 냄비에 기름을 두르고 조미하여 휘저어 가면서 익히는 것이다.

볶음요리는 팬의 바닥이 두터운 것을 이용하면 구수한 맛이 나서 좋다. 볶음의 조리요령은 센 불에서 단시간에 볶아내며, 재료가 밝은 색부터 어두운 색으로, 양념이 되지 않은 재료부터 양념된 것의 순서로 볶는 것이 좋다. 또한 참기름은 불을 끄기 직전에 넣어야 고소한 향이 그대로 남게 된다. 약한 불로 오랫동안 볶으면 푸른색 야채는 변색되고 물이 생겨 아삭한 맛이 없어지고, 고기와 생선은 질겨지며 영양분의 손실이 크다.

5. 생채, 숙채의 변천

채소요리는 크게 생채류와 숙채류로 나눌 수 있다. 생채는 싱싱한 채소를 익히지 않고 양념장에 무친 것이며 숙채류는 나물 등을 들 수 있는데 조리법과 양념은 재료에 따라 조금씩 달라진다. 여러 가지 조리법이 있으나, 크게는 볶아서 익히는 나물과 데쳐서 무치는 나물로 나눌 수 있다.

애호박나물, 도라지나물은 소금에 절였다가 기름에 볶으면서 양념하고, 숙주나물이나 시금치 등의 푸른잎 채소는 끓는 물에 데쳐내어 양념에 볶거나 무치고, 콩나물은 소금물에 삶아서 양념하여 무치며, 무나물은 양념을 먼저 한 다음 볶다가 물을 약간 넣고 익힌다. 이 밖에 고사리, 취나물, 가지, 호박오가리 같은 말린 재료는 물에 담가두거나 삶아서 물기를 제거한 후 양념하여 볶으며, 진채(陳菜) 또는 묵나물이라고도 한다.

6. 밑반찬과 김치의 기원 및 변천

1) 밑반찬

밑반찬은 반상차림의 기본반찬으로 젓갈, 장아찌, 자반 등이 있으며 평소에 즐겨 먹을 수 있도록 만들어두는 저장식품이다.

❀ 젓갈

젓갈류는 BC 3~5세기경부터 어패류의 저장법으로 시작되었으며 이후 궁중의례음식으로 해(醯)가 나온다. 고려시대에는 그 종류가 다양해졌으며 『향약구급방』에는 어류에 소금과 곡류를 혼합시켜 발효시킨 식해류가 나온다. 젓갈류는 새우젓, 멸치젓, 황석어젓 등 김치에 넣는 젓갈류와 명란젓, 창란젓, 어리굴젓 등 반찬으로 쓰이는 젓갈류가 있다.

❀ 장아찌

『주례』에 오제칠저(五虀七菹)가 나온다. 제(虀: 양념김치무리)와 저(菹: 김치무리)는 모두 채소를 장으로 조화하여 숙성시킨 것이지만 제(虀)는 세절한 것이고 저(菹)는 전체를 사용한 것으로 구분하였다. 『임원십육지』에 제(虀)에 대한 기록이 있는데 "채소를 간장에 절이거나 된장에 재우면 부패세균이 장 속에서 번식할 수 없으니 장기간 저장되면서 장의 성분이 채소성분과 어울려 숙성된다. 이것이 장제채(醬虀菜 : 장김치무리 장채, 장아찌)이다."라고 기록되어 있다.

❀ 자반

『옹희잡지』의 「유전채총론(油煎菜總論)」에 의하면 자반은 좌반(佐盤)으로 쓰는데 '식사를 도와준다'는 뜻이다. 채소를 기름에 지지거나 볶는 요리법은 우리의 산사요리법에서 많이 볼 수 있다. 자반은 넓은 뜻으로는 보존성 있고 맛이 진한 밑반찬 무리를 통틀어 가리키는 것이다.

2) 김치

김치는 배추·무를 중심으로 여러 가지 해산물 등의 부재료와 젓갈, 고춧가루 등의 양념을 넣어 발효시킨 음식으로 숙성과정 중 유기산이 생성되어 독특한 맛과 향기를 낸다. 우리나라 식생활에서 가장 기본이 되는 반찬으로 식욕을 돋우는 영양이 풍부한 음식이다. 김치의 기원은 삼국시대로 거슬러 올라가야 될 만큼 오랜 역사를 가지고 있다. 오늘날의 김치형태는 1600년대 고추가 유입되면서 나타났다. 초기의 김치는 채소류를 장기간 저장하기 위한 단순한 소금절임형태로 소금을 이용해 식품을 절이는 방법으로 개발되었으며 이것이 김치의 시작이 되었다.『삼국지 위지동전(三國志 魏志東夷傳)』에서 고구려는 발효식품을 잘 만들어 먹었다고 하였으며, 통일신라시대의『삼국사기(三國史記)』「신문왕편」에는 혜(醢: 김치무리)라는 용어가 등장한다. 김장독으로 사용되었던 것으로 추정되는 돌로 만든 독이 법주사 경내에 현전하고 있다.

삼국시대에는 장아찌 형태였던 것이 신라, 고려를 거쳐 동치미, 나박김치류로 분화·발달하였다.『사시찬요』에서 침즙저(沈汁菹)가 등장한다. 이것은 장류의 하나인 즙장을 만들 때와 같은 방법으로 가지, 오이 등을 절이기 위한 것으로 개발되었고 이후에는 채소절임보다는 장류 위주로 발달하였다.

조선시대에는『훈몽자회』에 저(菹)와 제(虀)를 구별하였고, 저(菹)를 침채라고 부르며 저(菹)가 숙성됨에 따라 채소 속의 수분이 빠져나와 즙을 이루고 채소는 그릇 밑바닥에 침전하는 것을 보고 침채라고 하게 된 것 같다. 제(虀)는 넓은 의미로 저채(菹菜)라 하였다. 좁은 의미로 배추를 잘게 썰어 담근 것은 제(虀)라 하고 통째로 담은 것은 저(菹)라고 하였다. 조선시대의『증보산림경제』에는 담저(淡菹)와 함저(鹹菹)의 구분이 되어 있고, 배추저가 등장하면서 고추가 쓰이기 시작했다. 생강, 마늘, 파, 천초, 고추, 고춧잎, 부추, 청각, 거목 등이 양념의 역할을 하였다.『규합총서』에는 소박이, 석박지형 김치에 각종 양념과 젓갈류가 쓰였으며 통배추김치는 1800년대 말『시의전서』에 처음 나온다. 이렇듯 김치는 혜, 저, 지, 저염, 침채, 딤채, 짐채, 김채의 과정을 거쳐 현재의 김치로 불리게 되었다.

Ⅲ. 후식 및 기타

1. 떡

우리나라 떡의 시작은 청동기시대의 유적인 나진초도 패총 및 삼국시대 고분 등에서 시루가 출토되면서 부터인 것으로 추측된다. 곡물로 가루를 만들며 시루에서 찐 음식인 떡이 농경 전개 시기부터 널리 애용된 것으로 추정할 수 있다. 떡의 유래는 시루의 역사에서도 가히 살펴볼 수 있으며, 아울러 곡물의 가루로 찐 시루떡이나 쌀을 찐 다음 절구에서 쳐서 만든 도병류가 많이 상용되었음을 짐작할 수 있다. 통일신라시대에는 불교의 숭상으로 병과류와 차 마시는 풍속이 널리 보급되어 한층 더 발달하게 되었고 이후 떡은 상용음식이면서 별식, 의례식, 시절식으로 자리 잡게 되었다. 떡은 조리법을 중심으로 분류하는데 이는 다음과 같다.

- 찌는 떡(증병: 甑餠, 蒸餠) : 다른 말로 시루떡이라고도 하는데, 쌀이나 찹쌀을 물에 담갔다가 가루로 만들어 시루에 안친 뒤 김을 올려 익히며, 찌는 방법에 따라 다시 설기떡과 켜떡으로 구분한다.
- 치는 떡(도병: 搗餠) : 곡물을 탈각해서 곡립상태나 가루상태로 만들어 시루에 찐 다음, 절구나 안반 등에서 친 것으로 흰떡, 절편, 인절미, 단자류 등이 있다.
- 지지는 떡(油煎餠) : 찹쌀가루를 반죽하여 모양을 만들어 기름에 지진 떡으로 전병, 화전, 주악 등이 있다.
- 삶은 떡 : 찹쌀을 반죽하여 빚거나 주악이나 약과 모양으로 썰고 더러는 구멍떡으로 만들어서 끓는 물에 삶아 건져서 고물을 묻힌 떡이다. 종류로는 경단, 잡과병, 산약병, 풍소병 등이 있다.

2. 한과

1) 강정

강정은 견병(繭餠)이라고도 한다. 약과, 다식 등과 함께 잔칫상, 큰상, 제사상에 오르던 과자로, 찹쌀가루를 술로 반죽하여 일구어서 여러 모양으로 썰어 그늘에 말렸다가 기름에 튀겨 꿀과 고물을 묻혀서 만든 것이다. 속이 비어 있고 감미와 연한 맛이 나는데, 고물의 재료나 모양에 따라 콩강정, 승검초강정, 깨강정, 송화강정, 계피강정, 세반강정, 방울강정, 잣강정, 흑임자강정 등으로 구분된다.

2) 정과

수분이 적은 각종 과일이나 새앙(생강)·연근·당근·인삼 등을 오랫동안 저장할 수 있게 꿀이나 설탕에 재거나 조려서 만든 고유의 과자류를 말하며 전과(煎果) 또는 밀전(蜜煎)이라고도 한다.

3) 숙실과

숙실과는 만드는 방법에 따라 '초', '란'으로 나뉜다. 재료를 통째로 익혀서 모양대로 꿀에 조린 것을 '초'라 하며 대추초, 밤초가 있다. 과수의 열매를 삶아 으깨어 꿀에 조려서 다시 원래 형태와 비슷하게 빚은 것은 '란'이라 하며 율란(栗卵), 조란(棗卵) 등이 있다.

4) 유밀과

유과(油果)라고도 하며 대표적인 것은 약과다. 밀가루를 먼저 기름으로 반죽한 다음 꿀과 술을 섞어 다시 반죽하여 여러 가지 형태의 문양으로 된 약과판에 넣어 찍어내거나, 일정한 두께나 크기로 모나게 썰어 기름에 튀긴다. 생강즙, 계핏가루, 후춧가루를 섞은 꿀이나 조청에 지진 약과를 담가두었다가 꿀물이 속까지 충분히 배면 건져서 바람이 잘 통하는 그늘진 곳에 둔다. 모양에 따라 약과, 다식과, 만두과, 타래과, 매작과 등으로 불린다.

3. 음청류

　전통음료는 종류, 형태, 조리법에 있어서 매우 다양하며 일상식, 절식, 제례, 대·소연회식 등 우리 식생활에 깊이 뿌리내린 고유의 음료이다. 또한 식생활이 체계화되어 주식, 부식, 후식의 형태로 나누어짐에 따라 후식류로 발달하게 되었고 중요한 기호식품으로 자리 잡게 되었다. 『삼국사기』에 의하면 차는 신라 27대 선덕왕 때 들어왔으며 불교문화의 도입과 함께 왕가와 승려, 화랑들 사이에 전파되었다. 신라시대에 성행하던 차는 고려시대에 더욱 번성하여 연등회, 팔관회, 공덕제 등 국가제례에는 반드시 차를 애음하였다. 조선시대에는 숭유주의로 차문화보다는 화채, 밀수, 식혜, 수정과 등의 음청류가 발달하게 되었다.

PART 02

조리의 실제

제1장 전통음식

죽, 밥, 국수, 만두

국, 탕, 전골, 찌개

찜, 선, 조림, 볶음

전, 적, 구이

생채, 숙채

밑반찬과 김치 외

버섯죽

표고버섯을 넣어 쑨 죽으로, 생표고버섯보다 건표고버섯이 영양학적으로 우수하다. 특히 비타민 B_1, B_2의 함유량이 높으며, 또한 핵산이 많이 들어 있어 조미료를 사용하지 않아도 맛이 좋다.

만드는 방법

01 쌀을 씻어 따뜻한 물에 충분히 불려, 소쿠리에 건져 물기를 빼고 굵직하게 갈아놓는다.

02 쇠고기는 기름을 손질하여 살코기로만 곱게 다지고, 건표고버섯은 따뜻한 물에 불려 저며 채썬 뒤 양념장으로 각각 양념하여 둔다.

03 두꺼운 냄비에 참기름을 두르고 고기·표고를 넣고 볶다가 쌀을 넣어 볶아, 쌀이 투명해지면서 전체에 기름기가 돌면, 분량의 물을 부어 가끔씩 저으면서 끓인다.

04 한번 끓어오르면 불을 약하게 줄여 쌀알이 완전히 퍼질 때까지 서서히 끓인다.

05 ④의 맛이 잘 어우러지면 국간장과 소금으로 간을 맞춰 그릇에 담아낸다.

재료와 분량

불린 쌀 1컵, 쇠고기 50g, 건표고버섯 2장, 참기름 1큰술, 물 6컵, 국간장 2작은술, 소금 1작은술

쇠고기·버섯 양념
간장 1/2작은술, 다진 파 1/2작은술, 다진 마늘 1/4작은술, 후춧가루 1/16작은술

Tip

건표고버섯을 가볍게 물에 씻어 따뜻한 물에 불린 후 기둥을 따내고, 기둥과 함께 버섯 불린 물을 끓여 걸러내어 죽을 끓일 육수로 사용하면 버섯향이 진하여 한층 더 효과적이다. 제주도에서는 표고버섯죽을 '초기죽'이라고도 한다.

타락죽

조선시대 이후 궁중에서 보양식으로 먹던 죽으로, 쌀을 갈아서 우유를 넣고 쑨 죽이다. 우유는 완전식품으로 유아의 발육과 성장에 필수적인 단백질, 칼슘, 비타민 B₂ 등의 영양소가 풍부하게 함유되어 있으므로 이유식과 영양식으로 특히 우수하다.

만드는 방법

01 쌀을 씻어 물에 30분 이상 충분히 불려 소쿠리에 건져 물기를 뺀다.

02 불린 쌀에 물 1컵을 섞어 믹서에 넣고 찌꺼기가 남지 않도록 곱게 갈아 체에 밭친다.

03 믹서에 간 쌀물과 나머지 물을 냄비에 붓고 끓이다가 어우러지게 쑤어졌으면 우유를 조금씩 넣어가며 멍울이 지지 않도록 나무주걱으로 저으면서 끓인다.

04 따뜻할 때 꿀과 소금을 넣어 맛을 맞춘 후 그릇에 담고 잣을 올린다.

재료와 분량

쌀 1/2컵, 물 2컵, 우유 1컵, 소금 1/4작은술, 꿀 1작은술, 잣 1/2작은술

Tip

우유가 들어가므로 오래 끓이면 단백질이 응고되어 매끄럽지 않으므로 센 불에서 잠깐 끓여야 한다. 쌀과 물의 비율이 1:5~6이면 좋다. 그러므로 쌀을 기준으로 쌀 1/2컵에 대한 물의 비율(우유와 물을 합한 분량)은 6배에 해당하는 3컵 정도면 족하다.

백합죽

껍질이 잘 맞게 맞물려 있어서 '부부화합'을 상징하기도 하며 혼례음식의 필수품으로 다른 말로 대합이라고도 한다. 전남 부안의 향토음식으로 구수하고 위에 부담을 주지 않아 어린이와 노약자가 먹기 좋다.

만드는 방법

01 백합조개는 소금물에 담가 해감시킨다.

02 냄비에 물 3컵을 넣고 끓으면 조개를 넣어 입을 벌리면 꺼내고 국물은 체에 밭친다.

03 백합조개의 살을 꺼내 내장을 제거하여 다지고 김은 구워서 부순다.

04 쌀은 방망이로 절반 정도 부수어서 냄비에 참기름을 두르고 볶다가 ③의 조갯살을 넣어 다시 볶는다.

05 백합국물을 ④에 넣고 충분히 끓여 쌀알이 퍼지면 그릇에 담고 김가루와 깨소금을 고명으로 얹는다.

재료와 분량

불린 쌀 1/2컵, 백합조개 2개, 참기름 1큰술, 깨소금 1작은술, 소금 1/2작은술, 물 3컵, 김 1/2장

Tip

백합은 5~6년산이 가장 맛이 좋으며 해감시킬 때 소금을 넣고 어두운 곳에 두면 해감이 잘 빠지며, 국물은 겹체에 밭쳐 두어야 깨끗하다. 간을 할 때 백합 자체에서 염분이 나오므로 간을 적당히 하며 백합을 넣고 오래 끓이면 질겨지므로 한 소끔만 끓여낸다. 또한 죽을 쑬 때는 곡물을 충분히 불려야 호화가 빨라 죽이 잘 쑤어지며, 바닥이 두터운 솥을 사용해야 한다. 죽은 불의 조절이 중요하며 처음에는 센 불에서 끓이고, 한소끔 끓어오르면 불을 낮추어 중불에서 뚜껑을 열고 끓여야 죽의 색이 투명하며 잘 엉긴다. 다시 약한 불에서 푹 퍼지도록 끓여가며 뜸들이듯 끓이면 잘 어우러진다.

대추죽

대추는 이색의 『목은집(牧隱集)』에 "찰밥에 대추를 섞어 넣었다" 한 것으로 보아 고려시대에 상용되고 있었던 것으로 보인다. 찹쌀은 탄수화물이 주성분이고 비타민 B_1, B_2가 많으며 소화흡수율이 높다. 여기에 대추를 넣으면 철분, 칼슘과 섬유질이 풍부하여 쌀의 부족한 영양소를 공급해 줄 수 있다.

만드는 방법

01 대추는 가볍게 씻어 돌려깎아 씨와 살을 분리하여 놓는다.

02 ①의 씨는 물 1컵을 넣고 먼저 끓인 후 체에 밭쳐 국물만 따르고 그 물에 손질한 대추와 나머지 물을 넣고 다시 부드러워질 때까지 끓인 후 한 김 식힌다.

03 ②의 대추 끓인 물을 믹서에 곱게 갈아 체에 밭친다.

04 찹쌀가루는 물 1컵에 개어 멍울이 지지 않도록 체에 밭친다.

05 체에 밭친 대추물을 끓이다가 ③의 쌀물을 저으면서 끓인다.

06 ④에 소금으로 간하여 꿀을 섞어 그릇에 담고 잣을 올린다.

재료와 분량

찹쌀가루 1/2컵(물 1컵), 대추 50g(물 2컵), 소금 1/2작은술, 꿀 1큰술, 실백(잣) 1/2작은술

Tip

대추죽은 원래 말린 밤인 황률과 말린 대추를 넣고 물을 부어 푹 고아서 찹쌀이 풀어지도록 끓여 쑨 죽이다. 최근에는 생대추를 끓여 그 물을 넣고 죽을 쑤기도 한다. 대추껍질이 거칠게 많으면 죽이 부드럽지 못하므로 반드시 곱게 갈아 걸러서 사용한다. 인삼을 함께 곁들이면 음식궁합이 잘 맞는다.

골동반(비빔밥)

1800년대 말엽『시의전서』에 비빔밥을 부빔밥으로 표기하고 있다. 골동반의 골은 어지러울 '汨'자이며 동은 비빔밥 '董'자인데, 즉 汨董이란 여러 가지 물건을 한데 섞는 것을 뜻한다. 골동반이란 이미 지어놓은 밥에다 여러 가지 찬을 섞어서 한데 비빈 것을 의미하는 것이다.

만드는 방법

01 쇠고기는 채썰고, 건표고버섯은 따뜻한 물에 불려 곱게 채 썬 다음 각각 양념한다.

02 애호박은 돌려깎기하여 4×0.2×0.2cm로 채썰어 소금에 절인 다음 꼭 짠다.

03 콩나물은 머리·꼬리를 따고 삶아서 무치고, 고사리, 도라지도 다듬어 손질하고 애호박과 같은 크기로 썰어 밑간을 한다.

04 동태살은 4×1×0.3cm로 썰어 밑간을 하고 밀가루, 달걀옷을 입혀 전을 부친다.

05 다시마는 기름에 튀겨 잘게 부수고 달걀은 황·백 지단을 부쳐서 4×0.2×0.2cm로 채썬다.

06 콩나물을 제외한 위의 부재료를 각각 볶아 식힌다.

07 밥을 고슬고슬하게 지어 참기름과 소금을 조금 넣고 골고루 비벼, 위에 얹을 재료만 남기고 나머지 재료를 넣고 비빈다.

08 그릇에 부재료와 비빈 밥을 담고 지단, 전, 튀각, 나물 등을 색색이 웃기로 얹은 후 볶은 고추장을 함께 낸다.

재료와 분량

흰밥 2공기(소금 1/2작은술, 참기름 1큰술, 깨소금 1작은술), 쇠고기 50g, 건표고버섯 2장, 애호박 50g, 콩나물 50g, 고사리 50g, 도라지 30g, 동태살 50g, 밀가루 2큰술, 달걀 2개, 다시마 5cm, 식용유 2큰술

쇠고기·표고버섯 양념
간장 1/2작은술, 설탕 1/3작은술, 파 1/2작은술, 다진 마늘 1/4작은술, 후춧가루 1/16작은술, 참기름 1/4작은술, 깨소금 1/2작은술

볶은고추장 3큰술,
고추장 2큰술, 물 2큰술, 설탕 2작은술, 파 1/2작은술, 마늘 1/4작은술, 깨소금 1/2작은술, 참기름 1/2작은술

Tip

예부터 내려오는 산신제, 동제 등은 집에서 먼 곳에서 지내어 식기가 제대로 갖추어지지 않았다. 조상에게 올리는 제사의 경우 음복, 곧 신인공식하기 위하여 밥에다 여러 가지 제찬을 섞어 비벼 먹었을 것이다. 곧 제삿밥에서 비빔밥으로 발달한 것으로 보면 될 것이다. 또 비빔밥의 일종인 안동의 헛제사밥이 있다.

영양돌솥밥

쌀의 주성분은 탄수화물로 소화율이 높으며 6% 이상의 단백질을 함유하고 있는 우수한 식품이나 지방, 칼슘, 철분, 섬유질 등의 함량이 적은 편이다. 대추, 밤, 인삼, 버섯, 은행, 콩 등은 단백질, 비타민, 무기질, 섬유질 등이 풍부할 뿐만 아니라 생리활성기능도 가지고 있어 쌀과 함께 조리하면 훌륭한 음식이 된다.

만드는 방법

01 쌀은 깨끗이 씻어 물에 30여 분 담근 후 체에 건져 놓는다.

02 양대콩은 씻어 불려놓고, 양송이버섯은 갓의 껍질을 벗기고 모양을 살려 얄팍하게 썬다.

03 밤은 굵직하게 4등분하고, 대추는 돌려깎기하여 2~3등분한다.

04 인삼은 손질하여 반으로 가르고, 은행은 열이 오른 팬에 기름을 두르고 파랗게 볶아 껍질을 벗긴다.

05 준비된 재료를 섞어 양념장을 만든다.

06 솥에 불린 쌀을 넣고 은행을 제외한 부재료를 섞어 끓는 물을 부어 뚜껑을 열고 끓인다.

07 ⑥의 밥이 끓기 시작하면 불을 중불로 줄이고 바닥이 눋지 않도록 저어준다.

08 밥물이 거의 없어지면 불을 약하게 하고 은행을 넣어 뚜껑을 덮고 10여 분 뜸을 들인다.

09 그릇에 담고 양념장을 곁들인다.

재료와 분량

불린 쌀 2컵, 양대콩 30g, 양송이버섯 30g, 생률 3개, 대추 10g, 인삼 1뿌리, 은행 5알, 물 2컵

양념장
간장 2큰술, 파 1큰술, 마늘 1/2작은술, 설탕 1/2작은술, 참기름 1작은술, 깨소금 2작은술, 후춧가루 1/16작은술

Tip

양대콩은 하루 전에 미리 불려서 삶아야 부드럽다. 이때 물을 너무 많이 넣게 되면 양대콩의 색이 물에 빠져나와 좋지 않으므로 1.5배 정도로 부어 삶는다. 또한 돌솥을 처음 구입하여 사용하고자 할 때, 쌀뜨물에 한번 삶은 후 기름칠을 하여 구워 사용하면 균열이 생기는 것을 조금 막을 수 있다.

회 냉 면

회냉면의 '회'는 원래 함흥지역의 손바닥만한 가자미가 매우 맛있어 이것을 '회'로 쳐서 고추장 양념으로 무쳐서 국수에 얹어 맵게 먹었던 것이 계기가 되어 유래되었다. 이것이 이남으로 내려오면서 가자미 무침 대신에 홍어무 침이 회냉면의 자리를 차지하게 되었다. 북쪽은 매운 것을 많이 먹는 식성이 아니나 이 음식만은 유독 매운 것이 특징이다.

만드는 방법

01 양지머리는 핏물을 빼서 향신양념을 넣고 삶은 후 5×1× 0.2cm로 썰고 육수는 면보에 걸러놓는다.

02 오이는 어슷하게 썰어 절이고 무도 같은 크기로 썰어 절인 후 물기를 짜고 밑간한다.

03 고명으로 이용되는 배는 5×1×0.2cm로 썰어 설탕 1/4작은 술을 뿌린다.

04 다홍고추는 씨를 뺀 후 배와 육수를 넣어 믹서에 곱게 간 다.

05 ④에 나머지 양념을 섞어 양념장을 만든다.

06 냉면은 끓는 물에 삶아 부드러워지면, 찬물(얼음물)에 2~3 회 주물러 씻은 후 사리를 지어 물기를 빼놓는다.

07 냉면을 그릇에 담고 고명(양지머리, 오이, 무, 배, 달걀)과 양념장을 올리고 육수를 곁들여 낸다.

재료와 분량

냉면 400g, 오이 100g(소금 1작은술), 배 1/4개, 삶은 달걀 1개, 무 100g(소금 1작 은술, 생강즙 1/8작은술, 마늘즙 1/4작은 술, 고춧가루 1/2작은술)

쇠고기 육수
양지머리 200g, 파 20g, 마늘 1톨, 물 5 컵, 통후추 5알, 집간장 1작은술, 소금 1 작은술

양념장
다홍고추 3개, 배 1/6개, 육수 1/2컵, 간 장 1큰술, 설탕 1큰술, 고운 고춧가루 1/2 컵, 물엿 3큰술, 참기름 3큰술, 깨소금 3 큰술, 소금 1/2작은술, 식초 2큰술

Tip

삶은 냉면을 찬물에 주물러 씻는 이유는 전분을 없애기 위해서인데 전분기가 있으면 냉면이 서로 달라붙기 때문이다. 또 한 양념장은 만들어서 바로 먹는 것보다 하루 정도 숙성시킨 후에 먹어야 맛이 좋다.

조랭이떡국

연초에 일 년 내내 길함을 뜻하기 위하여 흰떡을 정성스럽게 누에고치 모양으로 만들었으며 '조랭이'는 '조리'라는 뜻이 있는데, 정초에 행운을 가져다주는 '복조리'를 연상케 한다.

만드는 방법

01 양지머리는 물에 담가 핏물을 빼고 냄비에 물 5컵을 붓고 고기와 향미채소를 넣고 끓여 육수를 만든다.

02 ①의 고기는 건져서 식힌 다음 손으로 결대로 가늘게 찢어 양념하고, 국물은 체에 밭쳐 국간장과 소금으로 간을 맞춘다.

03 굵은 떡가래를 대나무 칼로 5mm 정도의 두께로 끊으면 엽전 모양이 되는데, 이것을 다시 대칼로 가운데를 문질러 8자형으로 잘록하게 하여 조랭이떡을 만든다.

04 파는 3×0.1×0.1cm로 채썰고, 달걀은 황·백으로 나누어 얇게 지단을 부쳐서 파와 같은 크기로 채썬다.

05 육수가 끓으면 조랭이떡을 넣고 국자로 저어 다시 끓인다.

06 조랭이떡이 익어서 떠오르면 그릇에 담고 국물을 부어 지단채와 ②의 고기 무친 것을 웃기로 얹은 다음 실고추와 파채를 올려 낸다.

재료와 분량

흰떡(가래떡) 200g, 달걀 1개, 파 1/4뿌리, 실고추 1g

육수
양지머리 100g, 물 5컵, 파 1/4뿌리, 마늘 2쪽, 국간장 1작은술, 소금 1작은술

고기 양념
소금 1/8작은술, 파 1/4작은술, 마늘 1/4작은술, 참기름 1/4작은술, 깨소금 1/2작은술, 후춧가루 1/16작은술

Tip

육수는 쇠고기육수, 곰국, 멸치육수 등 어느 것이나 가능하다. 또한 육수를 끓일 때 고기는 물에 30여 분간 담가서 핏물을 제거한다. 각종 향미채소와 섞어 끓이면 잡냄새 제거에 좋다.

규아상

규아상은 궁중의 여름철 찐만두이며 일반에서는 '미만두'라고 한다. 미만두의 미는 해삼의 옛말로, 큼지막하게 빚은 만두 모양이 해삼처럼 주름이 잡혀서 붙은 이름이다.

만드는 방법

01 밀가루는 소금물로 반죽해 0.1cm의 두께로 얇게 밀어 지름 7cm 크기의 만두피를 만든다.

02 오이는 통으로 4cm 길이로 썰어 돌려깎기하고 4×0.1×0.1cm로 채썬 다음 소금에 살짝 절여 물기를 꼭 짠다.

03 건표고버섯은 따뜻한 물에 담가 기둥을 떼고 3×0.1×0.1cm로 채썬다.

04 쇠고기는 다져서 갖은 양념을 한다.

05 ②~④를 각각 볶아 재빨리 식혀 양념하여 소를 만든다.

06 ①의 만두피에 ⑤의 소와 실백을 놓고 해삼 모양으로 등에 주름을 내어 빚는다.

07 김이 오른 찜통에 젖은 행주를 깔고 만두를 넣어 센 불에서 3~5분간 찐다.

08 소금물을 ⑦에 뿌린 다음 접시에 담쟁이잎을 깔고 담아낸 후 초간장을 곁들인다.

재료와 분량

밀가루 1컵(소금 1/4작은술, 물 3큰술), 오이 150g(소금 1/2작은술), 건표고버섯 3장, 쇠고기 50g, 실백 1큰술, 식용유 1큰술

쇠고기 양념
간장 1/2작은술, 설탕 1/4작은술, 파 1/2작은술, 마늘 1/4작은술, 참기름 1/4작은술, 후춧가루 1/16작은술

전체 양념
소금 1/4작은술, 마늘 1/2작은술, 깨소금 1/2작은술, 참기름 1/2작은술

소금물
물 1/4컵, 소금 1/4작은술, 참기름 1작은술

초간장 2큰술
간장 2큰술, 식초 1큰술, 설탕 1/4작은술

Tip

만두가 다 익은 후 접시에 담아두면 뜨거워서 만두끼리 붙어 떼어지지 않는다. 이때 참기름 섞은 소금물을 뿌려서 달라붙지 않도록 한다. 소는 오이를 주재료로 하여 만들며 표고버섯, 쇠고기를 넣는다.

병시

『진연의궤』(1719년)에 병시(餠匙)가 나온다. 궁중에서는 둥근 것을 반만 접어서 주름을 내지 않고 반달 모양으로 빚어 만든 것을 병시라고 한다. 병시는 더운 장국에 넣어 끓이는 겨울음식이며 특히 북쪽지방에서 즐겨 만들고 만두피는 되도록 얇아야 맛이 있다.

만드는 방법

01 밀가루는 소금을 넣고 부드럽게 반죽하여 비닐보에 싸둔다.

02 쇠고기는 육수를 끓여 체에 밭치고 간을 하고 나머지는 곱게 다져 양념을 한다.

03 건표고버섯은 불려서 손질하여 채썰고 배추김치도 물기를 짜서 송송 썬다.

04 두부도 물기를 짠 뒤 곱게 으깨고, 숙주도 삶은 다음 송송 썰어 물기를 짠다.

05 달걀은 각각 지단을 부쳐 3×0.1×0.1cm로 채썬다.

06 석이버섯은 손질하여 채썰어 볶아놓고, 실고추는 2cm로 짧게 끊어 놓는다.

07 다진 고기와 ③, ④의 준비한 재료들을 섞어 양념하고 만두소를 만들어 놓는다.

08 밀가루 반죽을 직경 7cm로 밀어 만두소를 넣고 반달 모양으로 만두를 빚는다.

09 끓여 놓은 국물에 ⑧의 빚은 만두를 넣어 끓이고 만두가 떠오르면 그릇에 담아 석이버섯채, 달걀지단채와 실고추를 얹는다.

재료와 분량

밀가루 1컵(소금 1/4작은술, 물 3큰술), 쇠고기 50g, 건표고버섯 2장, 배추김치 100g, 두부 80g, 숙주 80g

고명
달걀 1개, 석이버섯 2장, 실고추 1g

육수
쇠고기(사태) 100g, 물 5컵, 마늘 2톨, 대파 1/2뿌리, 국간장 1작은술, 소금 1작은술, 후춧가루 1/16작은술

쇠고기 양념
간장 1/2작은술, 파 1/4작은술, 마늘 1/4작은술, 참기름 1/4작은술, 깨소금 1/4작은술, 후춧가루 1/16작은술

만두소 양념
소금 1/3작은술, 파 1작은술, 마늘 1/2작은술, 깨소금 1작은술, 참기름 1/2작은술

Tip

병시는 만두피에 속을 넣고 반으로 접어 반달형으로 빚은 것으로, 떡 병(餠), 숟가락 시(匙)를 뜻한다. 반면에 편수는 사각형의 만두를 말한다.

석류탕

석류탕은 석류처럼 생긴 데서 붙은 이름인데, 옛날에는 궁중에서만 만들어 먹던 음식이다.

만드는 방법

01 쇠고기와 닭고기는 곱게 다져 고기 양념을 한다.

02 무는 채썰어 끓는 물에 데쳐내고 숙주, 미나리도 데쳐서 짧게 썰고 건표고버섯은 불려서 곱게 채썬다.

03 미리 준비한 재료들과 두부를 으깨어 섞어서 양념하여 만두소를 만든다.

04 양지머리를 넣고 육수를 끓여 체에 밭쳐서 간을 맞추어놓는다.

05 달걀은 황·백으로 나누어 지단을 도톰하게 부쳐서 사방 1.5cm의 완자형으로 썬다.

06 밀가루를 반죽하여 직경 7cm 정도로 얇게 밀어 ③의 소를 넣고 잣을 넣어 석류 모양으로 빚는다.

07 ④의 육수를 끓이다가 ⑥의 만두를 넣고 익힌다.

08 그릇에 서너 개씩 떠놓고 육수를 붓고 지단을 띄운다.

재료와 분량

쇠고기 50g, 닭고기 50g, 무 50g, 숙주 50g, 미나리 30g, 건표고버섯 1개, 두부 30g, 잣 1작은술, 달걀 1개

만두피
밀가루 1컵(소금 1/4작은술, 물 3큰술)

육수 4컵
양지머리 100g, 물 5컵, 파 1/4뿌리, 마늘 2쪽, 국간장 1큰술, 소금 1작은술

고기 양념
소금 1/4작은술, 파 1/2작은술, 마늘 1/4작은술, 참기름 1/2작은술, 깨소금 1/2작은술, 후춧가루 1/16작은술

소 양념
소금 1/2작은술, 파 1작은술, 마늘 1/2작은술, 깨소금 1작은술, 참기름 1작은술

Tip

석류탕의 만두피를 만들 때 치자, 시금치 등의 즙을 내어 밀가루 반죽에 색을 들여서 색색으로 반죽하여 만들기도 한다.

어만두

흰살 생선을 큰 조각으로 포 뜬 것을 만두피로 써서 고기소를 넣은 후, 만두 모양으로 만든 것으로 초장을 찍어 먹는다. 특히 숭어는 크기가 적당하고 포를 많이 뜰 수 있으며 비린내가 적고 생선살이 차져서 만두를 하기에는 제일이다.

만드는 방법

01 생선은 길이 8cm, 폭 5cm, 두께 0.4cm 정도로 포를 떠서 소금, 후추를 뿌린다.

02 쇠고기는 다지고 목이, 표고 등의 불린 버섯은 채썰어 고기와 함께 양념한다.

03 숙주는 다듬어 데치고, 오이는 통으로 4cm로 썰고 돌려깎기하여 0.1cm 두께로 채썰어 소금에 절여 꼭 짠다.

04 숙주를 제외한 ②, ③의 재료를 각각 볶아 섞어서 양념하고 만두소를 만든다.

05 ①의 생선살을 반듯하게 펴서 녹말을 묻히고 한편에 소를 놓아 둥그렇게 만든 다음 표면에 다시 녹말을 묻혀 수분이 흡수될 때까지 둔다.

06 곁들이 채소인 오이, 표고버섯, 다홍고추는 4×1×0.3cm의 골패형으로 썰고, 석이버섯은 기초 손질하여 모양을 살려서 소금을 살짝 뿌려 놓는다.

07 달걀은 지단을 부치고 4×1×0.3cm의 골패형으로 썰어놓는다.

08 ⑥의 곁들이 채소는 녹말가루를 묻혀 끓는 물에 재빨리 데쳐내어 찬물에서 헹군 다음 바로 식힌다(2~3회 반복).

09 ⑤의 만두는 열이 오른 찜통에서 10여 분 쪄내고 ⑥, ⑦의 부재료를 색색이 돌려담아 겨자초장을 곁들인다.

재료와 분량

민어살 300g(소금 1/2작은술, 후춧가루 1/16작은술), 녹말가루 5큰술

소 재료
쇠고기 80g, 건표고버섯 3개, 숙주 100g, 오이 1/2개, 목이버섯 3개

곁들이 채소
오이 1/4개, 다홍고추 1/2개, 건표고버섯 1장, 석이버섯 1장, 쑥갓 1줄기, 달걀 1개

쇠고기 양념
간장 1작은술, 설탕 1/4작은술, 파 1작은술, 마늘 1/2작은술, 깨소금 1작은술, 참기름 1/2작은술, 후춧가루 1/16작은술

소 양념
소금 1/2작은술, 파 1작은술, 마늘 1/2작은술, 참기름 1작은술, 깨소금 2작은술

겨자초장
간장 1큰술, 물 1큰술, 발효겨자 1작은술, 식초 1/2큰술, 설탕 1/2작은술

Tip

어만두에 쓰이는 생선은 대체로 민어, 광어, 도미, 대구 등의 흰살 생선이 적당하고, 어만두의 표면에 전분가루가 충분히 스며든 후에 찜통에서 쪄내어야 몸이 매끄러우며 깨끗하다. 날전분가루가 그대로 묻은 채로 쪄지지 않도록 유의한다.
부재료에 전분을 묻힐 때 수분이 있으면 가루가 잘 달라붙어 데친 후에 윤기가 난다.

준치만두

준치만두는 준치가 가장 맛좋은 시기인 오월 단오의 절기음식으로 진어(眞魚)라고도 한다. 또한 '썩어도 준치'라는 말이 있을 정도로 맛이 아주 유별나게 좋으나 잔가시가 많아 먹기에 불편하다. 살만 발라내어 준치살과 고기를 섞어서 완자를 빚은 것이다.

만드는 방법

01 준치는 깨끗이 씻어 찜통에 쪄내서 살을 발라내어 부수어 놓는다.

02 쇠고기는 곱게 다져서 양념하여 볶는다.

03 준치살과 볶은 고기, 녹말가루, 생강즙을 섞어 양념하고 잣을 두 알씩 넣어 지름 2.5cm 정도의 크기로 둥글게 빚어 녹말가루를 묻혀놓는다.

04 열이 오른 찜통에서 젖은 거즈나 담쟁이잎을 깔고 찐다.

05 겨자장을 곁들인다.

재료와 분량

준치 1마리(400g), 쇠고기 50g, 달걀 흰자 1개, 녹말가루 3큰술, 쑥갓 50g, 잣 1큰술, 생강 1/2쪽

쇠고기 양념
간장 1/2작은술, 설탕 1/6작은술, 파 1/2작은술, 마늘 1/4작은술, 깨소금 1작은술, 참기름 1/2작은술, 후춧가루 1/16작은술

준치살 양념
달걀 흰자 1큰술, 녹말가루 2큰술, 소금 1/2작은술, 파 1작은술, 마늘 1작은술, 참기름 1작은술, 깨소금 1작은술, 생강즙 1/4작은술, 후춧가루 1/16작은술

겨자장
간장 1큰술, 물 1큰술, 발효겨자 1작은술, 식초 1/2큰술, 설탕 1/2작은술

Tip

준치는 뼈가 많기 때문에 뼈를 발라내기가 어려우므로 준치를 찜통에 쪄서 익힌 후 살과 뼈를 분리해야 매끈하게 잘 발라진다.

오이냉국

한국요리에 '창국'이란 것이 있다. 조선요리법에서는 '여름철 입맛 없을 때에 는 창국을 해 먹으라' 하였으며, 그 맛이 차고 시원하여 이것을 냉국이라고도 한다. 창국으로는 이 밖에 김창국, 오이창국, 파창국 등도 있다.

만드는 방법

01 오이는 표면을 소금으로 비벼 씻어내고 4cm로 썰어 돌려 깎기하여 0.2cm 두께로 가늘게 채썰어 밑간을 한다.

02 쇠고기는 곱게 다져 갖은 양념하여 볶아 식힌다.

03 끓여 식힌 물이나 생수에 간을 하여 놓는다.

04 다홍고추는 손질하여 1×0.2×0.2cm로 채썬다.

05 ①, ②를 섞어 그릇에 담고 ③의 물을 부은 후 ④의 고추를 올린다.

재료와 분량

오이 100g(소금 1/4작은술, 파 1/4작은 술, 마늘 1/4작은술), 쇠고기 50g, 다홍고추 1/4개

쇠고기 양념
간장 1/2작은술, 파 1/4작은술, 마늘 1/4 작은술, 참기름 1/4작은술, 후춧가루 1/16작은술

끓여 식힌 물
생수 2컵, 식초 1큰술, 설탕 1큰술, 국간 장 1큰술, 소금 1/2작은술

Tip

냉국에 쓰는 오이는 단맛이 많이 나는 재래종 오이인 백다다기가 좋다.
냉국은 국물에 대한 소금과 식초·설탕의 비율이 잘 맞아야 하며 냉국재료는 반드시 밑간을 해서 국물 맛이 잘 우러나도 록 해야 한다.

애탕국

쑥은 고조선시대에서도 나타난 대로 단군의 어머니가 먹던 식품이므로 신성시하여 재액을 물리치는 힘까지 있는 채소로 생각하여 민간에서는 약초로도 사용하였다. 쑥에는 칼슘과 비타민 A, C, 엽록소가 풍부하여 항균작용, 항바이러스작용, 항암작용 등의 생리적 기능을 가지고 있다.

만드는 방법

01 어린 쑥을 손질하고 살짝 데쳐 찬물에 헹궈 꼭 짜서 곱게 다진다.

02 쇠고기는 곱게 다져 양념한 다음 다진 쑥을 넣고 양념하여 완자로 빚는다.

03 실파는 손질하여 3cm로 썰고 달걀은 황·백으로 나누어 지단을 부쳐 마름모형으로 썬다.

04 ②의 완자는 밀가루, 달걀옷을 입혀 열이 오른 팬에 지진다.

05 양지머리국물에 간을 한 뒤 끓으면 ④의 완자를 넣고 익힌다.

06 뚜껑을 닫고 한소끔 끓으면 ③의 실파를 넣고 그릇에 담아 지단을 올린다.

재료와 분량

쑥 60g, 쇠고기 100g, 밀가루 2큰술, 달걀 2개, 실파 20g

육수
양지머리국물 3컵, 국간장 1작은술, 소금 1작은술

쇠고기 양념
소금 1/3작은술, 파 1작은술, 마늘 1/2작은술, 참기름 1/2작은술, 깨소금 1/2작은술, 후춧가루 1/16작은술

Tip
어린 쑥을 봄철에 뜯어 손질하고 씻어 삶아 필요량만큼 비닐 팩에 싸서 냉동시켜 놓으면 언제든 필요시 사용할 수 있다.
완자는 고기로만 했을 때보다 두부를 넣으면 맛이 훨씬 부드러우며, 쑥을 넣어 빚은 완자 속에 잣을 두세 개 넣어 빚으면 씹는 맛이 고소하여 좋다.

곽탕

곽탕은 미역으로 끓인 국을 일컫는 말로, 감곽탕(甘藿湯)이라고도 한다. 미역은 당나라 유서『초학기』에 고래가 새끼를 낳고 상처를 치유하기 위해 미역을 뜯어 먹는 것을 본 고려인들이 미역을 먹기 시작했다는 기록이 있다. 그러므로 우리나라에서는 이미 1300년 전부터 산모에게 그리고 생일날이면 미역을 먹는 관습이 전통화되어 온 것이다. 삼신상이나 백일·돌·생일날에는 반드시 차리는 음식이다.

만드는 방법

01 미역은 따뜻한 물에 부드럽게 불린다.

02 쇠고기는 고르게 채썰거나 나붓나붓 썰어 양념한다.

03 ①의 미역은 국간장으로 무쳐 놓는다.

04 열이 오른 냄비에 참기름을 두르고 ②, ③의 재료를 넣고 볶다가 물을 부어 간을 맞춘다.

재료와 분량

쇠고기 50g, 마른 미역 20g, 국간장 2작은술, 참기름 1큰술, 물 3컵, 소금 1/2작은술

쇠고기 양념
국간장 1/2작은술, 마늘 1/2작은술, 참기름 1작은술, 후춧가루 1/16작은술

Tip

미역은 깨끗이 주물러 씻어야 비릿한 냄새가 덜 난다. 미역국을 끓일 때에는 파를 넣지 않는데, 이는 파에 들어 있는 인과 유황이 미역 속의 칼슘 등의 무기질 흡수를 방해하여 영양효율을 떨어뜨리기 때문이다.

보리새우아욱된장국

보리새우는 고단백 저지방 식품이며 늦가을에 유리아미노산인 글리신의 함량이 최고이다. 따라서 늦가을에서 겨울에 맛이 가장 좋다. 아욱은 비타민 A와 C가 많고 시금치보다 단백질과 칼슘이 2배 정도 더 함유되어 있다.

만드는 방법

01 아욱은 줄기와 껍질을 벗기고 깨끗이 주물러서 푸른 물이 나오지 않도록 씻어놓는다.

02 보리새우는 잡티를 제거하고 비벼서 가시를 털어 씻어놓는다.

03 쌀뜨물에 된장과 고추장을 풀어 걸러놓는다.

04 ③에 ①을 넣고 끓이다가 ②와 나머지 양념을 넣어 끓여 그릇에 담아낸다.

재료와 분량

아욱 100g, 보리새우 50g, 된장 2큰술, 고추장 1작은술, 쌀뜨물 3컵, 파 1작은술, 마늘 1작은술, 소금 1/4작은술, 후춧가루 약간

Tip

아욱은 다른 채소와는 달리 줄기와 잎을 손질하여 손으로 치대서 여러 번 헹구어야 풋내가 없어지고 부드럽다. 된장은 쌀뜨물에 끓여야 맛이 좋다. 쌀뜨물은 쌀을 씻어내고 2~3번째 물을 말하며 여기에 된장을 풀어 야채와 함께 끓이면 된장의 구수한 맛이 나서 더욱 좋다.

임자수탕

임자수탕은 전통적으로 우리 민족이 삼복더위에 먹던 음식이다. 진한 닭국물에 참깨를 섞어 곱게 갈아 차게 하여 먹는 냉탕으로 오색의 재료를 보기좋게 담으며 더위에 지친 몸과 마음을 보양하였다.

만드는 방법

01 닭은 깨끗이 씻어 파, 마늘과 함께 물을 넉넉히 붓고 닭을 무르게 삶은 다음 건져 굵직하게 찢고 국물을 차게 식혀 기름기를 걷어내고 깨끗하게 밭친다.

02 실깨한 참깨는 분마기에 ①의 육수 2컵을 넣고 곱게 갈아 겹체에 밭치고 나머지 육수를 섞어 간을 하여 놓는다.

03 ①의 닭살은 소금, 후춧가루로 양념한다.

04 쇠고기는 다져서 양념하여 완자를 만들어 지지고, 미나리는 초대를, 달걀은 황·백 지단을 부쳐 골패형으로 썬다.

05 오이는 껍질부분을 도톰하게 벗겨 3×1×0.5cm의 골패형으로 썰고 다홍고추, 건표고버섯도 손질하여 오이와 같은 크기로 썰어 녹말을 묻혀 끓는 물에 살짝 데쳐 냉수에 헹군다.

06 ③의 닭살을 그릇에 담고 그 위에 ④, ⑤의 재료를 보기 좋게 담는다.

07 ⑥에 ②의 국물을 그릇 가장자리로 살며시 붓고 잣을 올린다.

재료와 분량

닭(中) 1/2 마리(물 6컵, 파 1/4대, 마늘 2톨, 생강 10g), 참깨 1컵, 쇠고기 50g, 미나리 30g, 오이 1/2개, 달걀 2개, 건표고버섯 2개, 다홍고추 1개, 녹말가루 2큰술, 잣 1큰술

국물 양념
닭육수 3컵, 소금 1작은술, 국간장 1작은술, 후춧가루 1/16작은술

쇠고기 양념
소금 1/6작은술, 파 1/4작은술, 마늘 1/4작은술, 참기름 1/4작은술, 깨소금 1/4작은술, 후춧가루 1/16작은술

Tip

참깨는 실깨한 것으로 사용해야 국물이 깨끗하다. 실깨는 깨의 겉껍질을 벗겨놓은 것으로, 요리를 맑고 희게 하고자 할 때 사용하면 좋다.

삼계탕

닭고기는 100g당 20g의 단백질을 함유하고 있으며, 메티오닌과 시스테인을 많이 함유하고 있어 간장을 보호하는 역할을 한다. 또한 인삼, 밤, 대추, 마늘 등을 넣고 푹 곤 영계백숙은 강장효과가 뛰어나 여름철 허약해진 몸을 보호하고 인체의 열과 냉을 조절하는 기능을 갖는다.

만드는 방법

01 닭은 뱃속까지 깨끗이 씻은 후 다리 안쪽에 칼집을 넣는다.

02 찹쌀은 씻어 30여 분간 불리고 대추는 가볍게 씻는다.

03 수삼과 마늘은 손질하여 씻어놓고, 은행은 파랗게 볶아 껍질을 벗겨놓는다.

04 닭뼈와 발은 씻어 향미채소를 넣고 끓여 면보를 깐 체에 걸러 육수를 만든다.

05 손질한 닭의 뱃속에 찹쌀과 마늘, 수삼을 넣고 찹쌀이 빠져나오지 않게 칼집 사이로 다리가 서로 엇갈리도록 끼운다.

06 큰 냄비에 닭을 담고 ④의 육수 3컵을 부은 다음 수삼, 대추를 넣어 센 불에 끓이고 한소끔 끓으면 불을 줄여 푹 무르도록 삶는다.

07 닭이 익으면 건지고 국물은 식혀 면보를 깐 체에 걸러 기름기를 걷어낸다.

08 닭과 수삼, 은행, 대추를 그릇에 담고 ⑦의 국물을 부어 소금, 후춧가루를 곁들여 낸다.

재료와 분량

삼계용 닭 1마리(400~500g), 찹쌀 3큰술, 삼계용 수삼 2뿌리, 마늘 5쪽, 대추 2개, 은행 3알, 소금 1작은술, 후춧가루 1/16작은술

닭육수
물 6컵, 닭발 100g, 닭 등뼈 100g, 파 1/2대, 양파 30g, 마늘 3톨, 생강 1톨, 통후추 5알, 건고추 1개

Tip

삼계탕에 들어가는 육수에는 닭발, 등뼈와 목뼈 등을 넣고 끓이는데, 등뼈와 목뼈는 국물맛을 구수하게 해주며 닭발을 넣으면 육수가 뽀얀 국물로 되어 진하게 나와 맛과 영양이 함께 어우러진다. 이때 향미채소와 통후추 등을 함께 넣고 끓여 체에 밭치면 냄새 제거에 좋다.

용봉탕

잉어를 용으로, 닭을 봉황으로 격을 높인 상징적 이름을 갖고 있는 보양식이다. 잉어는 양질의 단백질과 소화성이 좋은 지방을 함유하고 있으며 칼슘과 철분, 비타민 B$_1$ 등이 풍부하다.

만드는 방법

01 닭은 깨끗이 씻어 물 4컵을 넣고 파, 마늘과 함께 넣어 부드럽게 삶는다. 닭이 완전히 익었을 때 닭을 건져내고 국물을 체에 거른다.

02 잉어는 비늘을 긁고 내장을 꺼내 5cm로 자른다.

03 건표고버섯은 따뜻한 물에 담가 불려 기둥을 따내고 4×0.8×0.2cm의 골패형으로 썬다.

04 석이버섯은 따뜻한 물에 불려 손질하여 채썬다.

05 열이 오른 팬에 기름을 두르고 ③, ④를 잠깐 볶아낸다.

06 달걀은 황·백으로 나누고 지단을 부쳐 4×0.8×0.2cm로 썬다.

07 거른 육수 3컵에 국간장과 소금을 넣어 간을 맞추고 손질한 ②의 잉어와 밤, 대추를 넣어 끓인다.

08 ⑦의 닭은 껍질을 벗기고 살만 발라 굵게 찢고 닭살양념으로 양념한다.

09 그릇에 푹 무른 잉어와 ⑧의 닭살을 얹어 소금간한 국물을 붓는다.

10 ⑨에 준비된 ⑤, ⑥의 고명과 밤, 대추를 얹어 담아 낸다.

재료와 분량

닭 250g(1/4마리), 물 4컵, 대파 1/2대, 깐 마늘 3톨, 잉어 300g, 건표고버섯 2장, 깐 밤 2개(20g), 대추 3개, 달걀 1개, 석이버섯 2장

육수
국간장 1작은술, 소금 1작은술

닭살 양념(닭살 100g 기준)
소금 1/4작은술, 파 1/2작은술, 마늘 1/4작은술, 후춧가루 1/10작은술

Tip

잉어의 역한 냄새는 머리 쪽에 있는 노란 액즙과 피 때문에 나는 것으로, 손질할 때 머리를 자르고 거꾸로 세워 꼬리 끝에서 5cm 정도 양쪽에 칼집을 깊이 넣어 핏물을 완전히 빼면 액즙과 냄새가 함께 제거된다.

두부전골

두부는 콩에 비해 소화율이 높으며 콜레스테롤과 포화지방산 함량이 낮아 고혈압, 동맥경화 예방에 효과가 있다. 또한 단백질과 칼슘이 풍부하며 열량이 낮아 '살찌지 않는 치즈'라 불리며, 요오드성분이 풍부한 해산물과 함께 조리하면 부족한 영양소를 잘 보완할 수 있다.

만드는 방법

01 두부는 3.5×2.5×0.4cm로 썰어 소금, 후추를 뿌린 후 간이 배게 두었다가 한쪽만 녹말가루를 묻혀 지져낸다.

02 쇠고기는 곱게 다져 양념하고, 육수는 향미채소를 넣고 끓여 체에 밭쳐 간을 맞춘다.

03 무는 5cm 길이로 잘라 길이로 채썰고 양파도 채썰어 놓는다.

04 건표고버섯은 밑손질하여 4×1.5cm 크기로 썰어놓는다.

05 당근, 죽순은 4×1.5×0.2cm 크기로 썰어놓는다.

06 미나리는 줄기만 다듬어 1/2은 끓는 물에 데쳐내고 나머지는 초대를 부친 다음 4×1.5cm 크기로 썰어놓는다.

07 달걀은 황·백 지단을 부친 후 4×1.5×0.3cm로 썰어놓는다.

08 ②의 다져서 양념한 고기 1/2은 1.5cm 크기로 완자를 만들어 밀가루, 달걀옷을 입혀 지져내고, 나머지 1/2은 두부의 지져내지 않은 쪽에 펴서 넣고 두 쪽을 맞붙인 후 데쳐낸 미나리줄기로 가운데를 돌려 감는다.

09 전골냄비 밑에 ③의 무 채썬 것을 바닥에 깔고 그 위에 나머지 재료를 보기 좋게 돌려 담고 가운데는 두부를 올린다.

10 ⑨에 완자로 장식한 다음 육수 4컵을 부어 끓인다.

재료와 분량

두부 1모(250g), 쇠고기 50g, 무 100g, 양파 50g, 건표고버섯 3장, 당근 50g, 죽순 1/2개, 미나리 30g, 달걀 2개, 녹말가루 2큰술

쇠고기 양념

소금 1/6작은술, 파 1/4작은술, 마늘 1/4작은술, 참기름 1/4작은술, 깨소금 1/2작은술, 후춧가루 1/16작은술

육수

물 6컵, 쇠고기 100g, 국간장 1작은술, 소금 1작은술, 통마늘 2톨, 대파 1/2뿌리, 후춧가루 1/16작은술

Tip

두부를 지질 때에는 단단한 두부를 사용하는 것이 좋으며, 소금을 미리 뿌려 간이 밴 후 물기를 빼서 지지는 것이 훨씬 맛이 부드럽다. 모든 재료를 다 준비하였다가 즉석에서 끓이면 좋다. 미나리는 두부를 묶지 않고 썰어 넣기도 한다.

신선로

입을 즐겁게 한다 하여 열구자탕(悅口子湯)이라 하였다. 신선로는 가운데 화통이 있어 재료를 가열하면서 먹을 수 있는 형태의 냄비를 뜻하는 것이며, 궁중 연회식에 열구자탕이 있는데 1827년의 『진작의궤』에 처음으로 나타난다.

만드는 방법

01 냄비에 물을 부어 양지머리와 무를 함께 넣고 끓이다가 익으면 고기와 무는 골패 모양으로 썰고, 국물은 간을 하여 놓는다.

02 당근, 표고, 죽순, 피망은 손질하여 5×2×0.3cm로 썰어 데쳐 놓는다.

03 쇠고기는 곱게 다지고 두부와 섞어 양념하고 치대어 반은 은행알 크기의 작은 완자를 빚어놓고, 나머지는 육전을 준비한다.

04 처녑, 동태는 손질하여 0.3cm 두께로 포를 떠서 소금, 후춧가루를 뿌려놓는다.

05 미나리는 손질하여 꼬치를 꿰어 밀가루, 달걀옷을 입힌다.

06 ③, ④, ⑤는 각각 전을 부쳐서 5×2×0.3cm의 골패형으로 썰고, 완자는 밀가루, 달걀옷을 입혀 지져놓는다.

07 달걀은 황·백으로 나누어 노란 지단을 부쳐 5×2×0.3cm의 골패형으로 썬다.

08 석이버섯은 손질하여 다져서 달걀 흰자와 섞어 지단을 부쳐서 골패형으로 썬다.

09 은행은 파랗게 볶아 속껍질을 벗기고 호두는 뜨거운 물에 담가 껍질을 벗긴다.

10 썰어놓은 고기와 무는 양념하여 신선로 바닥에 깔아 높이를 맞추고 ②, ⑥, ⑦, ⑧의 각 재료를 색색이 돌려 담고 그 위에 호두, 은행, 잣, 완자로 장식한다.

11 ①의 육수 4컵을 붓고 뚜껑을 덮은 다음 화통 속에 숯불을 넣고 상에 올린다.

재료와 분량

무 50g, 쇠고기 80g, 두부 30g, 천엽(처녑) 100g, 동태살 100g, 미나리 30g, 달걀 5개, 석이버섯 10g, 건표고버섯 20g, 당근 60g, 죽순 50g, 피망 100g, 은행 2큰술, 잣 2큰술, 호두 2개, 밀가루 1/2컵, 참기름 약간, 요지 4개

육수
양지머리 100g, 물 6컵, 파 1뿌리, 마늘 3톨, 국간장 1큰술, 소금 1작은술, 후춧가루 1/16작은술

쇠고기·두부 양념
소금 1/4작은술, 설탕 1/6작은술, 파 1/2작은술, 마늘 1/2작은술, 참기름 1/2작은술, 깨소금 1/2작은술, 후춧가루 1/16작은술

Tip

신선로는 산해진미를 모두 담아 끓여 여러 가지 맛과 영양소를 함께 섭취할 수 있는 전골의 일종으로, 전통적인 방법은 모든 재료를 이용하여 전을 부쳐 만든다. 특히 처녑의 냄새 제거를 위하여 밀가루, 소금으로 번갈아가며 비벼 씻고 표면의 검은 막은 뜨거운 물에 튀하여 숟가락으로 긁어낸 후 전으로 사용해야 깨끗하다.

도미면

도미면은 도미살을 전유어로 부친 것으로 삶은 고기, 채소, 당면 등을 장국에 넣고 끓인 것이다. 도미는 지방이 2% 미만인 저지방으로 '흰살 생선의 왕'이라고 일컬어질 정도로 맛도 좋고 아미노산 조성이 좋아 영양가가 높다.

만드는 방법

01 도미는 비늘을 긁고 내장을 손질하여 3장 뜨기 하고 살은 껍질을 벗겨 한입 크기로 포를 떠서 밑간을 한다.

02 사태는 부드럽게 삶아서 국물을 간 맞추어 육수로 쓰고 건지는 4×0.8×0.3cm의 골패형으로 썰고 양념한다.

03 쇠고기는 곱게 다져 두부와 함께 양념하여 지름 1.5cm의 완자를 만들어 지진다.

04 다홍고추는 반으로 갈라 4×0.3cm의 골패형으로 썰고 미나리는 꼬치에 꿰어 초대를 만들어 지진 다음 4×0.8cm의 크기로 썬다.

05 쑥갓은 짧게 자르고, 실파는 4cm 길이로 썰며, 건표고버섯은 손질하여 초대와 같은 크기로 썰어 양념하여 잠깐 볶는다.

06 목이버섯도 불려 하나씩 뜯어서 기름에 볶아놓고 당면은 찬물에 불려놓는다.

07 달걀은 도톰하게 황·백 지단을 부친 다음 4×0.8×0.3cm의 골패형으로 썬다.

08 ①의 살과 뼈에 밀가루, 달걀옷을 입혀 전을 부쳐내고 냄비에 도미뼈를 놓고 전은 뼈 위에 모양대로 담는다.

09 ⑧에 지단과 채소를 색스럽게 돌려 담고 호두, 은행, 잣을 웃기로 얹고 간 맞춘 육수를 붓고 끓이다가 당면을 넣는다.

재료와 분량

도미(小) 1마리(소금 1/4작은술, 후춧가루 1/16작은술), 쇠고기(우둔) 50g, 두부 50g, 다홍고추 2개, 미나리 30g, 쑥갓 30g, 실파 30g, 건표고버섯 2장, 목이버섯 3개, 당면 30g, 은행 5알, 호두 2개, 잣 1작은술, 밀가루 3큰술, 달걀 3개, 식용유 2큰술

육수
사태 100g, 물 6컵, 대파 1/2대, 마늘 1톨, 국간장 1작은술, 소금 1작은술

쇠고기·두부 양념
소금 1/4작은술, 파 1/2작은술, 마늘 1/2작은술, 후춧가루 1/16작은술

Tip

도미는 참돔, 옥돔, 흑돔, 붉은 돔 등이 있는데, 분홍빛 나는 참돔이 가장 맛있다. 도미는 도미전을 부쳐서 색색의 채소와 버섯류, 당면 등을 함께 넣고 끓이는 전골이다.

버섯전골

『진찬의궤』에 전골이 등장하는데 두 가지 형태로 나타난다. 군사들이 쓰는 전립모양의 그릇에 고기와 채소를 넣어 끓여 먹는 찌개 형태와 편편한 곳에 고기를 구워서 먹고 가운데 움푹한 곳에 채소를 데치는 구이형태였다. 이것이 육수를 끓이는 냄비전골로 바뀌었다.

만드는 방법

01 느타리버섯은 밑동을 자른 후 2~3등분한다.

02 팽이버섯도 밑동을 자른 후 알알이 뗀다.

03 새송이버섯은 모양을 살려 2~3등분하고 대파는 4cm 길이로 썰어 반으로 자른다.

04 죽순은 빗살무늬를 살려 4×3×0.3cm로 썰고 다홍고추도 반으로 갈라 씨를 빼고 4×0.3cm 길이로 채썬다.

05 두부는 물기를 제거하여 으깨고 쇠고기도 곱게 다진 후 두부와 섞어 갖은 양념하여 지름 1cm의 완자를 빚는다.

06 멸치육수 4컵에 들깨가루와 쌀가루를 섞어 체에 밭친다.

07 ⑤의 완자는 밀가루와 달걀옷을 입힌 후 열이 오른 팬에 굴리면서 볶아 익힌다.

08 전골냄비에 버섯을 색색이 돌려 담고 가운데 완자와 조랭이떡을 넣은 후 나머지 육수 2컵을 부어 끓인다.

09 어느 정도 끓으면 간을 맞춘 후 ⑥의 깨즙을 넣어 한소끔 끓이고, 쑥갓을 올린다.

재료와 분량

느타리버섯 50g, 팽이버섯 1/4봉, 새송이버섯 2개(30~40g), 대파 1/2대, 죽순 50g, 다홍고추 1/4개, 두부 20g, 쇠고기 50g(달걀 1개, 밀가루 2큰술), 조랭이떡 50g, 통들깨 3큰술(거피한 것), 쌀가루 1큰술, 쑥갓 10g

멸치육수
소금 1작은술, 국간장 1큰술

쇠고기 · 두부 양념
소금 1/6작은술, 파 1/4작은술, 마늘 1/4작은술, 참기름 1/4작은술, 깨소금 1/2작은술, 후춧가루 1/16작은술, 설탕 1/8작은술

Tip

쌀가루를 육수에 풀어 체에 밭치지 않으면 국물이 멍울져 고운 요리가 되지 않는다. 또한 들깨는 거피한 것을 사용해야 국물이 깨끗하다.

된 장 찌 개

찌개는 조치, 지짐이, 감정이라고도 하는데, 모두 건지가 국보다는 많고 간은 센 편으로 밥에 따르는 찬품이다. 조치란 궁중에서 찌개를 일컫는 말이고 감정은 고추장으로 맛을 낸 찌개이다.

만드는 방법

01 쇠고기는 너붓너붓 썰어 양념하여 놓는다.

02 애호박은 0.5cm 두께로 썰어 은행잎 모양으로 썰고, 건표고버섯은 따뜻한 물에 불려 기둥을 따서 호박과 같은 모양으로 썬다.

03 두부는 사방 2.5cm로 썰고, 고추는 반으로 갈라 손질하고 파와 함께 어슷하게 썰어놓는다.

04 물(뜸물)에 된장과 마늘을 넣어 멍울지지 않게 고루 풀어 된장육수를 만든다.

05 뚝배기에 ①의 고기를 넣고 볶다가 ④의 된장육수를 넣고 끓인 후 애호박과 버섯을 넣어 끓인다.

06 ⑤의 호박이 어느 정도 익으면 두부를 마저 넣고 맛이 밸 때까지 끓인다.

07 맛이 잘 어우러지면 고추와 파를 넣고 고춧가루를 넣어 한소끔 더 끓인다.

재료와 분량

쇠고기 50g, 애호박 50g, 건표고버섯 2장, 두부 100g, 풋고추 2개, 다홍고추 1/2개, 파 1/2뿌리

쇠고기 양념
간장 1/2작은술, 파 1작은술, 다진 마늘 1/2작은술, 참기름 1/2작은술, 후춧가루 1/16작은술

된장육수
물(뜸물) 4컵, 마늘 1작은술, 된장 3큰술, 고춧가루 1작은술

Tip

재래된장은 뚝배기나 두꺼운 냄비에 담아 뭉근한 불에서 서서히 오래 끓여 당화가 충분히 일어나도록 한다. 또한 두부를 넣을 때에는 찌개가 끓을 때 넣어 잠깐만 가열해야 부드럽고 맛도 좋다. 된장은 끓일 때 거품을 걷어가며 끓여야 깨끗하다.

게 감정

감정은 찌개보다 국물이 좀 더 많으며, 이것은 '지짐이'를 뜻한다. 궁중에서는 이를 감정이라 하며 주로 고추장으로 맛을 낸다.

만드는 방법

01 게를 다듬어 씻어 몸체는 밀대로 밀어 살을 발라내고 게딱지는 깨끗이 씻고 다리는 앞쪽 마디만 남기고 자른다.

02 ①의 잘라낸 게다리와 살을 발라내고 난 몸체에 향미채소를 넣고 물을 부어 육수를 끓인 후 국물만 체에 밭친다.

03 쇠고기는 곱게 다지고 숙주는 끓는 물에 데쳐 송송 썰고 두부는 물기를 짜서 으깨 게살과 섞어 모두 양념한다.

04 무를 2×2×0.4cm로 나박썰기하고 파는 송송 썬다.

05 ①의 게딱지는 물에 씻어 안쪽에 밀가루를 솔솔 뿌린 후 ③의 소를 가득히 담고 살 쪽에 밀가루, 달걀을 씌워 지진다.

06 ②의 육수 3컵에 된장과 고추장을 풀고 ④의 무와 함께 끓이다가 무가 어느 정도 익으면 ⑤의 게 지진 것을 넣고 익힌다.

07 ⑥이 모두 익으면 송송 썬 파를 넣고 한소끔 끓여낸다.

재료와 분량

꽃게 2마리(500g), 쇠고기 50g, 숙주 50g, 두부 50g, 밀가루 2큰술, 달걀 1개, 파 1/2뿌리, 무 50g, 고추장 2큰술, 된장 1/2큰술

육수
물 4컵, 게다리(살 발라낸 몸체) 적량, 파 1/2대, 마늘 1톨

소 양념
소금 1/2작은술, 파 1작은술, 마늘 1작은술, 참기름 1/2작은술, 깨소금 1작은술, 후춧가루 1/16작은술

Tip

감정은 궁에서 쓰이던 조리용어로 고추장찌개를 말하며, 오이, 호박, 민어, 웅어 감정 등이 있다. 게딱지에서 게살을 발라내어 여러 가지 부재료를 넣고 지져내어 다시 고추장을 넣고 끓인 찌개이다.

오이감정

고조리서인 『이조궁정요리통고』에서는 감정을 "된장 · 고추장 등 장류(醬類)를 넣고 걸쭉하게 끓여낸 국물음식"이라 하였다. 민가에서는 지짐이라 불리었고 『조선무쌍신식요리제법』에서는 큰 둑술이에 끓여서 보시기에 떠내어 먹는 것을 지짐이라고 하였다.

만드는 방법

01 오이는 소금으로 비벼 씻어 반으로 갈라 어슷썰어놓는다.

02 쇠고기는 기름을 제거하여 손질한 후 너붓너붓 썰어 양념한다.

03 청 · 다홍고추는 각각 어슷썰어 씨를 털어내고 대파도 어슷썬다.

04 냄비에 쇠고기를 넣고 볶다가 어느 정도 익으면 물을 부어 오이를 넣고 익힌다.

05 ④의 오이가 다 익고 국물과 잘 어우러지면 청 · 다홍고추와 대파를 넣고 잠깐 더 끓여 그릇에 담아낸다.

재료와 분량

오이 1개(150g), 쇠고기 80g, 풋고추 1개, 다홍고추 1/2개, 대파 1/2대

쇠고기 양념
국간장 1/2작은술, 파 1작은술, 마늘 1작은술, 참기름 1/2작은술, 후춧가루 약간

국물
뜸물 2컵, 고추장 2큰술, 된장 1작은술, 마늘 1작은술

Tip

오이는 여러 종류가 있으며 용도에 따라 쓰임이 다르다. 오이소박이나 오이지는 색깔이 연하고 가는 백다다기가 좋으며 좀 더 색이 짙고 몸이 매끄러운 청오이는 수분이 많아 샐러드용으로 많이 쓰인다. 또한 가시오이는 돌기를 벗긴 후 위아래 꼭지를 떼어내고 용도에 맞게 썰어 쓰는데 냉채나 무침에 이용하면 좋다.

오이는 소금으로 문질러 씻으면 표면의 농약 등 이물질이 제거될 뿐 아니라 오이의 표면색이 더 푸르게 되면서 부드러워진다.

떡찜

흰 가래떡은 예로부터 연초에 먹으면 일 년 내내 무병장수한다는 유래가 있다. 정월 초하루, 가래떡을 많이 빼놓았다가 필요할 때 떡국을 끓이거나 찬으로 떡찜 등을 해서 먹기도 한다.

만드는 방법

01 사태는 향신 양념을 넣고 부드럽게 삶아서 큼직하게 썰고 당근, 무도 통으로 설익게 삶는다.

02 쇠고기는 다져서 양념하고, 건표고버섯은 은행잎 모양으로 썬다.

03 ①의 무와 당근은 밤톨 크기로 썰고 미나리는 다듬어 4cm로 썰어놓는다.

04 열이 오른 팬에 기름을 두르고 은행을 볶아 속껍질을 벗긴다.

05 달걀은 도톰하게 황·백 지단을 부쳐 사방 2cm의 마름모형으로 썬다.

06 떡은 4cm로 썰어 대각선 모양으로 가운데 칼집을 넣고 끓는 물에 데쳐내어 ②의 양념한 고기를 칼집 사이에 넣는다.

07 ①의 삶은 고기는 한입 크기로 썰고 손질한 건표고버섯, 당근, 무에 양념장을 붓고 무르게 끓인다.

08 ⑦에 ⑥의 떡을 넣고 조리듯이 끓이고 마지막에 미나리를 넣고 익혀 불을 끈다.

09 ⑧을 그릇에 담고 ④, ⑤의 은행과 지단을 고명으로 올린다.

재료와 분량

흰떡 300g, 사태 100g(물 2컵, 무 100g, 파 20g, 마늘 2톨), 쇠고기 50g, 건표고버섯 2개, 당근 30g, 미나리 20g, 은행 5개, 달걀 1개

쇠고기 양념
간장 1/2작은술, 파 1/4작은술, 마늘 1/4작은술, 깨소금 1/4작은술, 참기름 1/4작은술, 후춧가루 1/16작은술

양념장
간장 4큰술, 설탕 2큰술, 파 1큰술, 마늘 2작은술, 깨소금 1작은술, 참기름 1작은술, 후춧가루 1/16작은술, 육수 2컵

Tip

떡을 위주로 한 찜으로 양념의 분량이 처음보다 반으로 줄었을 때 떡을 넣어야 떡이 풀어지지 않으며 모양이 좋다. 사태는 다른 고기보다 질긴 부분인 콜라겐이 많이 함유되어 있어 고기를 먼저 부드럽게 삶은 후 양념장을 약하게 하고, 오래 끓여야만 고기가 부드러우면서 맛이 순하다. 미나리는 불을 끄기 직전에 넣어야 색이 파랗게 유지된다.

꽃게찜

꽃게는 단백질이 풍부하고 지방 함량이 낮아 담백하다. 카로티노이드 색소인 아스타잔틴을 함유하고 있으며, 지용성으로 빨간색을 띤다. 생체 내에서는 단백질과 결합한 색소단백질로 존재하는 것이 많다. 게를 삶으면 빨갛게 되는 것은 색소단백질이 분해되어 붉은 아스타잔틴(astaxanthin)의 색이 나타나기 때문이다.

만드는 방법

01 꽃게는 깨끗이 손질하여 등을 떼어 내장을 제거하고 살만 발라서 곱게 다진다.

02 두부는 물기를 짜서 다져 체에 내리고 건표고버섯도 불려서 다진다.

03 다홍고추, 풋고추, 양파도 손질하여 다진다.

04 ①,②,③을 섞어서 속양념으로 양념한다.

05 대추는 씨를 제거하고 돌돌 말아서 썰고 찹쌀가루는 물에 풀어 놓는다.

06 꽃게 등의 안쪽을 깨끗이 씻어 밀가루를 고루 뿌린 다음 ④의 살을 꼭꼭 채워 넣는다.

07 열이 오른 찜통에 ⑥의 양념한 꽃게를 넣고 10여 분간 익힌다.

08 다 익은 후 찹쌀가루즙을 바르고 한 김 쏘인 후 투명하게 되면 대추를 고명으로 얹어서 그릇에 담아 낸다.

재료와 분량

꽃게 2마리, 두부 50g, 건표고버섯 1장, 다홍고추 1개, 풋고추 1개, 밀가루 1큰술, 대추 1개, 찹쌀가루 2큰술

속양념
소금 1/2작은술, 마늘 1작은술, 파 1작은술, 생강 1/4작은술, 참기름 1작은술, 깨소금 2작은술, 흰 후춧가루 약간

Tip

꽃게의 등껍질을 그릇으로 이용하므로 양 끝의 뾰족한 부분을 자르고, 속의 이물질을 제거하여 씻은 뒤 밀가루를 뿌리고 그 안에 속양념을 넣어야 꽃게 살이 껍질에서 떨어지지 않는다. 등껍질 속에 들어가는 양념한 게살은 가능한 수분을 제거한 후에 넣는 것이 좋다.

대하찜

새우의 종류로는 왕새우, 참새우, 보리새우, 점새우 등이 있다. 새우는 단백질과 칼슘이 풍부하며 특히 필수아미노산을 모두 골고루 가지고 있어 영양학적으로 매우 우수한 식품이다. 또한 콜레스테롤이 높은 편이며 오메가-3 지방산이 고농도로 들어 있어 혈전을 예방한다.

만드는 방법

01 대하는 수염과 꼬리의 해감을 손질하고 물에 씻어 등 쪽으로 반을 가르고 내장을 손질한다.

02 ①의 새우에 소금 등의 양념을 한다.

03 고추는 반으로 갈라 2×0.1×0.1cm로 채썬다.

04 석이버섯은 손질하여 돌을 따내고 씻어 돌돌 말아 채썰고 간장, 참기름을 넣고 볶는다.

05 달걀은 황·백을 나누어 지단을 부쳐 고추와 같은 길이로 채썬다.

06 열이 오른 찜통에 새우를 넣고 10여 분간 쪄낸 후 ③~⑤의 고명을 색색이 올리고 잠깐 김을 올린다.

07 ⑥을 접시에 담고 겨자장을 곁들인다.

재료와 분량

새우 4마리, 풋고추 1개, 다홍고추 1/2개, 석이버섯 2장, 달걀 1개

새우양념
소금 1/2작은술, 마늘즙 1작은술, 흰 후춧가루 1/16작은술

겨자장
간장 1큰술, 식초 1/2큰술, 물 1큰술, 발효겨자 1작은술, 설탕 1작은술

Tip

대하찜의 또 다른 방법으로 껍질에서 새우 살을 발라내어 곱게 다지고, 두부 다진 것과 섞어 양념하여 껍질을 그릇 삼아 소를 채운다. 그리고 오색 고명을 올려 찜통에 쪄내면 또 다른 맛과 모양의 새우찜이 된다.

궁중닭찜

닭고기는 맛이 담백하며 육질이 연하여 아이들이나 허약한 사람에게 좋은 식품으로 콜레스테롤(cholesterol)이 적고 간에는 핵산과 비타민 A가 풍부하다. 여름철 입맛을 돋우고 기력을 찾기 위해 많이 먹는 영계백숙은 갖가지 재료를 섞어 푹 고은 것으로 소화도 잘 되고 영양과 맛의 조화가 뛰어난 음식이다.

만드는 방법

01 닭은 깨끗이 손질하여 파, 마늘, 생강을 넣어 충분히 삶는다.

02 닭이 익으면 뼈와 껍질을 발라내고 살을 굵직하게 찢어서 갖은 양념을 하고 닭 국물은 식혀서 기름을 걷어내고 면포에 걸러 받치고 달걀은 풀어놓는다.

03 표고버섯을 불려서 기둥을 따내어 굵게 채썰고 목이버섯도 불려서 잎을 각각 따내어 굵게 채썬다.

04 석이버섯은 뜨거운 물에 불려 비벼서 안쪽의 이끼와 돌을 제거하고 깨끗이 씻어 채썰고 녹말가루는 동량의 물을 섞어 풀어놓는다.

05 냄비에 ②의 닭 국물을 넣어 간을 맞추고 위 ③의 버섯과 양념한 닭살을 넣어 끓이다가 녹말물을 넣어 농도를 맞춘다.

06 ⑤의 국물이 끓으면 풀어놓은 달걀로 줄알을 치고 불을 끈다.

재료와 분량

닭 1/2마리(물 3컵, 대파 1/4토막, 생강 1/2쪽, 마늘 1쪽) 건표고버섯 2개, 목이버섯 2개, 석이버섯 2g, 달걀 1개, 녹말가루 1큰술

닭살 양념
파 1작은술, 마늘 1/2작은술, 소금 1/4작은술, 참기름 1/2작은술, 깨소금 1/2작은술, 후춧가루 약간

국물
닭육수 2컵, 소금 1/2작은술

Tip

닭 국물을 낼 때는 닭을 먼저 찬물에 30여 분 담가 핏물을 뺀 후 향신채소를 넣고 삶는 것이 냄새 제거에 도움이 된다.

닭매운찜

닭고기는 양질의 단백질이 풍부하며 쇠고기나 돼지고기보다 담백하여 먹기가 좋다. 특히 연한 가슴살은 지방이 적어 위장이 약한 사람들에게 단백질 공급원으로 최적이다. 아이들이나 허약한 사람들에게 좋은 식품으로 콜레스테롤이 적고 간에는 핵산과 비타민 A가 풍부하다.

만드는 방법

01 닭은 깨끗이 손질하여 기름기를 제거하고 4~5cm 크기로 토막을 낸다.

02 냄비에 물을 붓고 끓으면 손질된 닭과 파를 비롯한 향미채소를 넣고 끓여 삶아놓는다.

03 양파는 폭 1cm로 썰고 감자, 무도 밤톨 크기로 썰어 모서리를 다듬는다.

04 고추는 어슷하게 썰어 씨를 털어낸다.

05 간장에 여러 가지 양념을 넣고 양념장을 만든다.

06 삶은 닭에 ⑤의 양념장 중 반을 넣고 감자, 무와 함께 센 불에서 끓인다.

07 닭에 어느 정도 간이 배면 나머지 부재료와 양념장을 넣어 은근한 불에서 윤기나게 조린다.

08 닭 국물이 1/3로 줄었을 때 불을 끄고 참기름을 섞는다.

재료와 분량

닭 400g, 양파 50g, 감자 100g, 무 30g, 풋고추 1개

양념장
간장 2큰술, 고추장 1큰술, 굵은 고춧가루 2큰술, 설탕 2작은술, 생강즙 1/4작은술, 파 1큰술, 마늘 2작은술, 참기름 1작은술, 깨소금 1작은술, 후춧가루 1/16작은술, 물 1½컵

Tip

닭의 꽁무니 안쪽에 붙어 있는 노란 기름덩어리는 손질하며, 특히 꽁지는 전혀 먹을 수 없는 부위이므로 미리 잘라내고 조리한다. 토막낸 고기도 껍질과 살 사이의 노란 기름을 칼끝으로 긁어내고 조리한다. 닭찜 또는 닭볶음탕이라고도 하며 국물을 얼큰하게 즐기고자 할 때 많이 한다.

도미찜

'승기악탕(勝妓樂湯)'이라는 다른 이름이 있는데, 이는 이 음식이 풍악과 미기(美技)보다 낫다 하여 붙여진 별명이라 한다.

만드는 방법

01 도미는 비늘을 긁고 내장을 손질하여 3장 뜨기 한다.

02 ①의 살은 껍질을 벗겨 한입 크기로 포를 떠서 소금을 뿌려 놓았다가 살과 뼈에 밀가루 달걀옷을 입혀 전을 부쳐낸다.

03 달걀 1개는 황·백 지단을 얇게 부쳐 4×0.1×0.1cm로 채썰어 놓는다.

04 풋고추, 다홍고추, 석이버섯도 손질하여 4×0.1×0.1cm로 곱게 채썰어 볶아놓는다.

05 은행은 파랗게 볶아 껍질을 벗긴다.

06 물에 파, 마늘을 넣어 육수를 끓여 체에 밭치고 간을 맞춘다.

07 냄비에 ②의 전 부친 뼈를 바닥에 깔고 그 위에 전으로 모양을 살려 가지런히 놓고 육수 1/2컵을 부어 잠깐 찌듯이 끓인다.

08 ⑦에 ③, ④, ⑤의 고명을 색스럽게 올리고 잠깐 김을 올려 그릇에 담는다.

09 초간장을 곁들인다.

재료와 분량

도미 1마리, 쑥갓 2줄기, 밀가루 1/2컵, 달걀 2개, 풋고추 2개, 다홍고추 1/2개, 석이버섯 2장, 은행 5개, 밀가루 1/2컵, 식용유 2큰술

육수
물 1컵, 대파 1뿌리, 마늘 1톨, 소금 1/2작은술, 후춧가루 1/16작은술

초간장
간장 2큰술, 식초 1큰술, 설탕 1/2작은술

Tip

오색 고명을 얹고 김을 잠깐만 올려야 채소의 색이 변하지 않는다. 도미는 봄, 여름이 제철이고, 홍도미와 백도미가 있는데 홍도미를 최고로 친다. 찜, 구이, 조림, 찌개, 지지미, 회, 전유어 등으로 다양하게 조리한다.

우설찜

우설은 소의 혀를 말하며 보통 1개의 무게는 1.2~2kg으로 육질이 질긴 편이므로 조리하는 데 많은 시간이 필요하다.

만드는 방법

01 우설, 양지머리는 각각 향미채소를 넣어 부드럽게 삶고, 양지머리육수는 체에 밭쳐놓는다.

02 ①의 우설은 건져 뜨거울 때 표피를 벗겨서 한입 크기로 썰고 양지머리도 우설과 같은 크기로 썰어놓는다.

03 당근은 밤톨크기로 썰어 데치고, 밤도 껍질을 벗겨 데친다.

04 양파는 폭 1cm로 썰고, 버섯은 따뜻한 물에 불려 기둥을 따내고 은행잎으로 썬다.

05 은행은 기름을 둘러 속껍질을 벗기고, 달걀은 황·백으로 나누어 지단을 부친 후 마름모형으로 썬다.

06 준비된 양념으로 양념장을 만들어놓는다.

07 삶은 우설과 양지머리, 은행, 지단을 제외한 부재료를 그릇에 담아 양념장의 반을 넣고 조린다.

08 ⑦이 어느 정도 졸아들면 나머지 국물 2컵을 붓고 함께 조린다.

09 ⑧의 건지와 국물을 그릇에 담고 은행, 지단 등의 고명을 올린다.

재료와 분량

우설 300g, 양파 100g, 당근 50g, 밤 30g, 은행 5알, 달걀 1개, 건표고버섯 2개

육수
양지머리 100g, 파 1/2대, 마늘 3톨, 생강 3g, 양파 50g, 물 4컵

양념
간장 4큰술, 설탕 3큰술, 대파 1/2대, 마늘 1큰술, 통후추 5알, 참기름 2작은술, 깨소금 2작은술, 생강즙 1작은술, 건고추 2개

Tip

우설을 손질할 때 표면의 거친 껍질은 뜨거운 물에 삶아 표피나 돌기를 벗겨낸 다음 조리한다. 고기가 식으면 껍질이 벗겨지지 않으므로 반드시 뜨거울 때 벗겨야 매끈하게 잘 벗겨지며 찜, 편육 등에 이용한다.

사태찜

아롱사태는 삶으면 콜라겐이 젤라틴 상태로 투명하게 변하는데 쫄깃해서 고기의 또 다른 맛을 즐길 수 있다. 고기의 잡냄새성분은 수용성이므로 요리하기 전에 찬물에 담가서 제거한다.

만드는 방법

01 사태는 기름을 제거하여 찬물에 30여 분 담갔다가 건져 사방 5cm로 썬다.

02 냄비에 물과 파, 마늘, 생강을 통으로 넣고 ①의 고기를 넣어 푹 무르도록 끓인 다음, 고기는 건지고 육수는 식혀 체에 밭치고 기름을 걷어낸다.

03 건표고버섯은 따뜻한 물에 불려 기둥을 떼고 큰 것은 은행잎으로 썬다.

04 당근은 마구 썰기하고, 모서리를 다듬은 후 밤과 함께 끓는 물에 데쳐낸다.

05 은행은 기름을 두르고 볶은 후 비벼서 속껍질을 벗긴다.

06 달걀은 흰자, 노른자로 나누어 지단을 부친 후 사방 2cm의 마름모꼴로 썬다.

07 미나리는 손질하여 파랗게 데치고 4cm로 썰어놓는다.

08 육수에 간장을 비롯한 양념을 섞고 나머지 향미채소를 넣는다.

09 ⑧에 ②의 고기를 넣고 센 불에서 끓이다가 끓어오르기 시작하면 5~10분 후 중불로 낮춰 은근히 조린다.

10 ⑨의 국물이 반쯤 남았을 때 ③, ④를 넣고 함께 조린 다음 참기름, 깨소금을 넣고 고명을 색스럽게 올린다.

재료와 분량

사태 300g, 물 4컵, 파 20g, 마늘 10g, 생강 1톨

고명
건표고버섯 2장, 당근 50g, 깐 밤 5개, 은행 10알, 달걀 1개, 미나리 10g

양념
간장 3큰술, 설탕 2큰술, 파 1대, 마늘 10g, 통후추 3알, 양파 30g, 마른 고추 2개, 참기름 1작은술, 깨소금 1작은술, 육수 2컵

Tip

쇠다리의 오금에 붙은 고기로서 가장 힘줄이 많고 질긴 부위로 장시간 가열하면 연해진다. 이러한 특징을 살려 찜, 전골, 탕, 편육 등 오랫동안 푹 고는 요리에 주로 이용된다.

두부선

두부는 고려시대부터 먹기 시작하였으며 고려 말엽 학자인 이색의 〈대사구 두부래향〉이라는 시 속에 처음 등장한다. 두부는 필수아미노산이 풍부하여 양질의 단백질 보급원이며, 리놀산을 함유하고 있어 콜레스테롤을 낮추어주므로 고지혈증을 예방한다.

만드는 방법

01 두부는 거즈에 물기를 짜서 으깨고, 닭고기는 곱게 다진다.

02 다홍고추, 풋고추는 씨를 빼서 다지고, 건표고버섯은 따뜻한 물에 불려 기둥을 따내고 포를 떠서 곱게 다진다.

03 석이버섯은 따뜻한 물에 불려 뒷면의 이끼와 돌을 제거하고 곱게 채썬다.

04 대추를 돌려깎기하여 밀대로 밀어 채썰고, 실백은 고깔을 따놓는다.

05 달걀은 황·백으로 나누어 지단을 부친 후 1×0.1×0.1cm로 가늘게 채썬다.

06 ①은 계속 치대어 양념하고 ②의 채소와 고루 섞어 납작한 팬에 젖은 면보를 깔고 두께 1cm로 펴놓는다.

07 ⑥에 ③,④,⑤를 고루 뿌려 눌러주고 김이 오른 찜통에 중불에서 10여 분 쪄낸 후 식힌다.

08 ⑦을 3×3×1cm로 썰어 접시에 보기 좋게 담아내고 초간장을 곁들인다.

재료와 분량

두부 1/2모, 닭고기 50g, 다홍고추 1/4개, 풋고추 1/2개, 건표고버섯 1장

고명
석이버섯 1장, 대추 2알, 달걀 1개, 실백 3g

두부·닭고기 양념
소금 1/2작은술, 파 2작은술, 마늘 1작은술, 참기름 1/2작은술, 깨소금 1작은술, 후춧가루 1/16작은술

초간장
간장 1큰술, 식초 1큰술, 설탕 1/2작은술

Tip

두부의 물기를 완전히 제거하여 다진 닭고기와 혼합하여 오랫동안 치대주어야 면이 매끄럽고 씹는 맛이 쫄깃하다. 또한 두부 위에 올리는 고명은 최대한 가늘게 채썰어 눌러주어야 쪄냈을 때 두부에 밀착하여 보기가 좋다.

가지선

『시의전서(是議全書)』에 가지선이라는 요리법이 등장한다. 특히 가지는 신라시대부터 사용된 기록이 중국 송나라의『본초연의(本草衍義)』에 기록된 바 있다. 가지의 색은 안토시아닌계 색소로 항산화 효과가 크다.

만드는 방법

01 가지는 5cm 길이로 썰어 양 끝을 1cm 남기고 열십자(+)로 칼집을 넣고 소금물에 절여 잠깐 데친 다음 건진다.

02 쇠고기는 손질하여 곱게 다지고 버섯도 불려서 손질하여 채썬 다음 양념하여 소를 만든다.

03 달걀은 황·백으로 나누어 지단을 부쳐 3×0.1×0.1cm로 고르게 채썬다.

04 실고추, 파는 지단과 같은 길이로 채썰고, 석이버섯도 손질하여 채썰어 볶는다.

05 ①의 가지는 칼집 사이사이에 ②의 소를 채워 넣는다.

06 냄비에 물을 붓고 간장과 설탕을 넣고 맛을 내어 끓어오르면 ⑤의 가지를 넣어 익힌 뒤 조린다.

07 ⑥의 국물이 1~2수저 남았을 때 불을 끄고 가지를 그릇에 담아 지단채를 비롯한 고명을 올리고 겨자장을 곁들인다.

재료와 분량

가지 200g(소금 2작은술, 물 1/2컵), 쇠고기 100g, 건표고버섯 1개, 달걀 1개, 석이버섯 2장 실고추 3줄기, 대파 1/4대, 식용유 1작은술

쇠고기 양념
간장 2작은술, 설탕 1/2작은술, 파 1작은술, 마늘 1/2작은술, 참기름 1/3작은술, 깨소금 1/2작은술, 후춧가루 약간

국물
물 1컵, 간장 1큰술, 설탕 1/4작은술

겨자장
식초 1큰술, 설탕 1큰술, 물 1큰술, 간장 1작은술, 소금 약간, 발효겨자 1작은술

Tip

선의 조리법으로 끓이는 방법과 찌는 법이 있다. 호박, 오이, 가지, 배추 등의 식물성 재료에 다진 쇠고기 등의 부재료를 소로 채워서 장국을 부어 잠깐 끓이거나 또는 찜통에 쪄낸다. 특히 선은 '좋은 음식'이라는 의미로 맛이 산뜻하여 전채요리로 많이 이용된다.

삼치조림

삼치는 고등어과에 속하는 등푸른생선으로 EPA와 DHA 등 고도불포화지방산이 많이 들어 있다. 이들은 체내에서 혈전생성을 억제함으로써 동맥경화를 방지하고 혈압강하작용을 하여 협심증, 심근경색증 등의 심장질환예방에 효과가 있다고 알려졌다.

만드는 방법

01 삼치는 싱싱한 것으로 골라 지느러미와 내장을 손질한 후 씻어 4cm로 비스듬히 저며 썰어놓는다.

02 무는 0.5cm 두께로 반달썰기하여 데치고 풋고추, 다홍고추는 어슷썰기한다.

03 적량의 양념장을 만들어놓는다.

04 ②의 무와 ①의 생선에 양념장의 1/2을 넣어 끓인다.

05 ④가 어느 정도 끓어 졸아들면 나머지 양념장을 넣고 풋고추, 다홍고추를 넣어 잠깐 끓인다.

06 ⑤를 그릇에 담아낸다.

재료와 분량

삼치 300g, 무 50g, 양파 20g, 풋고추 20g, 다홍고추 5g

양념장
간장 3큰술, 고춧가루 1큰술, 설탕 1큰술, 청주 1큰술, 물 1컵, 파 1큰술, 마늘 2작은술, 생강 1/4작은술, 후춧가루 1/16작은술

Tip

생선조림은 생선 속까지 양념이 배어들도록 작은 것은 중불에서 20여 분, 큰 것은 30~40여 분 은근히 조려야 한다. 생선을 오랜 시간 끓이면 생선 속의 콜라겐성분이 국물에 녹아나와 젤라틴화되며 식으면 걸쭉해진다. 생선요리에 청주를 넣으면 맛이 쫄깃해지고 조직이 덜 부스러지며, 또한 고춧가루를 넣으면 시각적인 맛의 효과뿐 아니라 비린내를 없애는 역할까지도 한다.

갈치조림

『조선무쌍신식요리제법』에 갈치조림이 소개되어 있다. 갈치는 단백질과 당질뿐만 아니라 지방도 적당량 함유하고 있어 고소함과 담백함이 절묘하게 조화를 이룬다. 다른 생선과 마찬가지로 칼슘 함유량에 비해 인산 함량이 많은 산성식품이므로 채소와 곁들여 먹는 것이 좋다. 또한 제주도에서는 늙은 호박이나 배추를 넣고 갈치로 국을 끓이기도 한다.

만드는 방법

01 갈치는 비늘과 지느러미, 내장을 손질하여 씻고 5cm로 토막낸 후 소금을 뿌려놓는다.

02 감자는 껍질을 벗겨 0.5cm의 두께로 둥글게 썰고 풋·다홍고추는 어슷썰어 씨를 털어낸다.

03 양파와 대파는 손질하여 굵게 채썰고, 양념을 모두 섞어 양념장을 만든다.

04 냄비에 감자와 양파를 깔고 손질한 갈치와 다홍고추를 올린 후 양념장의 2/3를 고루 섞는다.

05 재료와 양념의 맛이 어우러지면 나머지 양념과 부재료를 넣고 잠깐 끓인 후 불을 끄고 그릇에 담는다.

재료와 분량

갈치 300g(소금 1작은술), 감자(또는 무) 100g, 양파 50g, 풋고추 1개, 다홍고추 1/2개, 대파 1/2대

양념장
고춧가루 2큰술, 간장 2큰술, 설탕 2작은술, 마늘 1큰술, 생강 1/2작은술, 파 1큰술, 청주 1큰술, 후춧가루 약간, 물 1⅓컵

Tip

생선조림을 할 때 냄비에 바로 생선을 올리는 것보다는 바닥에 무나 감자를 깔고 그 위에 생선을 올리면 생선살이 바닥에 달라붙지 않아 좋다. 또한 조릴 때에는 뚜껑을 열고 끓이며 끓이는 도중 계속 국물을 끼얹어주면 양념 맛이 재료 속에 깊이 스며들어 더 맛있는 조림을 만들 수 있다.

전복초

『훈몽자회』에 초(炒)란 원래 볶는다는 뜻이 있으나, 조림처럼 조리다가 윤기가 나게 한다고 기록된 바 있다.
자연산은 대부분 참전복이고 제주도에는 주로 큰전복, 말전복, 오분자기 전복이 있다.

만드는 방법

01 전복은 껍질과 내장을 떼어내고 솔로 해감하여 0.3cm 간격의 마름모꼴로 칼집을 넣어 2~4등분한다. (전복 껍질은 말끔히 씻어 그릇으로 이용한다.)

02 풋고추, 다홍고추는 반으로 갈라 씨를 빼고 0.5×0.5cm 크기의 마름모꼴로 썰어 달군 팬에 기름을 두르고 재빨리 볶아낸다.

03 은행은 열이 오른 팬에 기름을 두르고 파랗게 볶아 속껍질을 벗긴다.

04 달걀을 흰자, 노른자로 나누어 도톰하게 지단을 부쳐 ②와 같은 크기로 썬다.

05 조림장은 재료를 큼직하게 썰고 혼합하여 잠깐 끓여 체에 밭친다.

06 열이 오른 팬에 기름을 두르고 ①을 넣어 볶다가 조림간장 2큰술을 넣고 재빨리 뒤적이듯이 볶아낸다.

07 ⑥에 참기름을 두르고 손질해 놓은 전복껍질에 조금씩 담은 후 ②,③,④를 고명으로 올린다.

재료와 분량

전복 200g, 다홍고추 1/6개, 달걀 1개, 풋고추 1/4개, 은행 6알, 참기름 1/4작은술

조림장
간장 2큰술, 설탕 1.5큰술, 물 2큰술, 파 1/4대, 마늘 1톨 , 생강 1/3쪽

Tip

초는 조림처럼 조리다가 마지막에 녹말을 풀어 엉기게 하며 간을 세지 않고 달콤하게 하며 윤기나게 한다. 설탕을 넣거나 물녹말을 마지막에 넣어 조려내면 윤기가 난다.

삼합장과

장과란 궁중에서 장아찌를 부르던 용어이며 삼합이란 전복, 해삼, 홍합의 세 가지 조개류를 말한다. 옛날에는 전복과 홍합 말린 것을 불려서 사용했으며, 해삼은 반드시 마른 것을 불려서 썼다.

만드는 방법

01 홍합은 소금물에 흔들어 씻어 잔털을 제거하고 끓는 물에 살짝 데쳐낸다.

02 생전복은 씻어 데쳐내고, 살을 떼어 내장을 제거한 후 해감을 닦아 어슷하고 얇게 저민다.

03 불린 해삼은 길이를 반으로 잘라 4cm로 썬다.

04 쇠고기는 홍합과 같은 크기로 저미며 양념한다.

05 조림장을 만들어 끓으면 고기를 넣고 익힌다.

06 고기가 익으면 홍합, 전복, 해삼을 넣어 물이 자작할 때까지 서서히 조린다.

07 ⑥에 물녹말을 끼얹어 뒤적이며 익힌다.

08 ⑦을 그릇에 담고 잣가루를 뿌려낸다.

재료와 분량

생홍합 50g, 생전복 100g, 불린 해삼 100g, 쇠고기 50g, 잣가루 1작은술

고기 양념
간장 1/2작은술, 파 1/2작은술, 마늘 1/4작은술, 설탕 1/4작은술, 참기름 1/4작은술, 깨소금 1/4작은술, 생강즙 1/6작은술

조림장
간장 3큰술, 설탕 2큰술, 물 3큰술, 마늘 1톨, 파 1/3뿌리, 후춧가루 1/16작은술, 참기름 1/4작은술, 깨소금 1/2작은술

물녹말
녹말 1큰술, 물 2큰술

Tip

삼합장과는 홍합과 전복, 해삼을 쇠고기와 함께 조려서 만드는 음식으로 밤과 은행은 한번 익혀서 해물과 고기는 미리 손질하여 조린다.

마늘종볶음

마늘종은 소금을 넣고 잠깐 데쳐서 찬물에 헹구어야 색도 선명하고 질감이 부드럽다.

만드는 방법

01 풋마늘종은 깨끗이 씻어 가지런히 한 후 4cm로 썰어 잠깐 데쳐놓는다.

02 멸치는 잡티를 제거한다.

03 간장에 여러 가지 향신채소를 넣고 양념장을 만들어 잠깐 조린 후 체에 밭친다.

04 ①, ②의 재료는 열이 오른 팬에 기름을 두르고 각각 볶아 놓는다.

05 ④의 풋마늘종은 ③의 조림장을 넣어 조리듯이 볶는다.

06 ⑤가 어느 정도 맛이 들고 수분이 거의 없어지면 볶아놓은 멸치를 넣고 뒤적이듯이 잠깐 볶는다.

07 불을 끈 후 참기름, 깨소금을 넣고 섞어 접시에 담는다.

재료와 분량

풋마늘종 150g, 멸치 50g

양념장
간장 2큰술, 설탕 2작은술, 물 2큰술, 양파 20g, 마늘 1쪽, 대파 10g

전체 양념
참기름 1/8작은술, 깨소금 1/4작은술

Tip
마늘종은 간이 거의 없고 멸치는 기본적인 짠맛이 있으므로 함께 볶는 것보다는 각기 볶는 것이 좋다.

애호박전

호박은 임진왜란 전후에 전래되었다. 서민들의 부식이며 빼놓을 수 없는 구황식품이었다. '호과' '남과' '왜과' '당호과' '월과' 등 다른 이름으로 불리었으며, 주로 국으로 이용되던 것이 18세기 말엽에 와서 호박나물 조리법이 다양화되었다.

만드는 방법

01 호박은 작은 것으로 선택하여 0.5cm 두께로 둥글게 썰어 소금을 살짝 뿌려 물기를 제거한다.

02 달걀은 풀어놓는다.

03 ①의 호박에 밀가루를 묻혀 털어내고 달걀 푼 것에 담갔다가 번철에 기름을 두르고 노릇노릇하게 지져낸다.

04 접시에 보기 좋게 놓고 초장을 곁들여 놓는다.

재료와 분량

애호박 1개, 밀가루 5큰술, 달걀 2개, 소금 1작은술, 식용유 3큰술

초간장
간장 1큰술, 식초 1/2큰술, 설탕 1/4작은술, 잣가루 1/4작은술

Tip

호박의 싱싱한 맛을 그대로 맛보고자 할 때는 소금에 절이지 않고 둥글게 썬 생호박에 밀가루, 달걀을 씌워 전을 부친다. 이때에는 양념장을 조금 진하게 하여 곁들인다. 호박의 씨부분을 원형으로 떠내고 그 자리에 고기나 새우살을 다져서 양념하여 속을 채워 전을 부치기도 한다.

깻잎전

들깻잎에는 철분, 칼슘 등 무기질과 비타민 A와 C가 풍부하며 녹색을 띠는 엽록소를 가지고 있는데, 엽록소는 영양소는 아니나 세포 부활작용, 지혈작용, 말초혈관 확장, 항알레르기 등의 기능을 가지고 있다.

만드는 방법

01 깻잎은 크기가 일정한 것으로 준비하여 깨끗이 씻어 물기를 거둔 후 양쪽에 밀가루를 묻히고 털어낸다.

02 두부는 물기를 짜서 으깨고 쇠고기는 다져서 두부와 섞어 양념한다.

03 ①의 깻잎 위에 쇠고기 양념한 것을 얄팍하게 얹고 펴서 깻잎을 반으로 접는다.

04 밀가루를 묻히고 달걀을 씌워서 지짐 기름에 지져내어 초장을 곁들여 낸다.

재료와 분량

깻잎(작은것) 10장, 쇠고기 80g, 두부 30g, 밀가루 3큰술, 달걀 1개, 식용유 2큰술

소 양념
간장 1/2작은술, 설탕 1/4작은술, 파 1작은술, 마늘 1/2작은술, 생강 1/4작은술, 깨소금 1작은술, 참기름 1/2작은술, 후춧가루 1/16작은술

초간장
간장 2큰술, 식초 1큰술, 설탕 1/2작은술, 잣가루 1/4작은술

Tip
깻잎의 앞뒤로 밀가루를 묻힌 후 고기 속을 넣어야 속과 깻잎이 분리되지 않는다. 또한 고기만 이용하는 것보다는 두부를 으깨어 넣음으로써 고기의 지방을 두부가 흡수하여 맛이 부드러우며 영양적 효과를 볼 수 있다.

초기전(표고버섯전)

표고버섯은 비타민 D, E, F, 레시틴과 섬유질이 풍부하여 콜레스테롤의 체내 흡수를 억제하고, 혈압저하, 항종양, 항암효과가 있으며 면역기능을 항진시킨다.

만드는 방법

01 건표고버섯은 지름 3~4cm의 작고 얇은 것으로 골라 따뜻한 물에 불려 기둥을 뗀다.

02 ①의 검은 갓 쪽에 가위로 열십자 꽃무늬를 오려 속살이 보이도록 한다.

03 쇠고기는 곱게 다지고, 두부도 물기를 짜서 곱게 으깬 후 섞어서 갖은 양념을 한다.

04 버섯은 물기를 짜고 소금, 참기름으로 양념한다.

05 양념한 버섯의 안쪽 흰 부분(주름 갓 있는)에 밀가루를 솔솔 뿌리고 ③의 속양념을 편편하게 채운다.

06 ⑤의 고기가 붙은 부분에만 밀가루를 살짝 묻히고, 풀어놓은 달걀에 전체를 담갔다가 건져 열이 오른 팬에 지진다.

07 초간장을 곁들여 낸다.

재료와 분량

건표고버섯 50g(소금 1/3작은술, 참기름 1/4작은술), 쇠고기 50g, 두부 50g, 밀가루 2큰술, 달걀 1개, 식용유 2큰술

쇠고기 · 두부 양념
파 1/2작은술, 마늘 1/4작은술, 참기름 1/4작은술, 깨소금 1/4작은술, 소금 1/4작은술, 후춧가루 1/16작은술

초간장
간장 2큰술, 식초 1큰술, 설탕 1/2작은술, 잣가루 1/4작은술

Tip

생표고버섯을 기둥만 따내고 그대로 데쳐 물기를 짜서 밑간한 후 전을 부치면 씹는 맛이 쫄깃하여 또 다른 별미다.
생표고버섯에 들어 있는 에르고스테롤은 자외선을 쬐면 비타민 D로 변하여 이것이 칼슘의 흡수를 도와 뼈를 튼튼하게 한다.

새우전

싱싱한 새우의 경우, 천천히 머리를 잡아당기면 내장까지 함께 따라온다. 일단 가열하면 내장이 빠져나오지 않으므로 반드시 처음 손질할 때 빼내도록 한다. 통으로 익혔을 때는 등쪽을 반으로 갈라 내장을 빼야 한다. 새우는 껍질에 윤택이 있고, 만져 보아 탄력이 있으며, 수염이나 다리가 늘어지지 않은 것이 싱싱하고 좋은 것이다.

만드는 방법

01 새우는 머리를 떼어내고 껍질을 벗긴 후 꼬리의 해감을 긁어낸다.

02 ①을 연한 소금물에 가볍게 씻어 등 쪽을 갈라 내장을 제거하고 배 쪽은 오그라들지 않도록 잔칼집을 준다.

03 풋고추 · 다홍고추는 둥글게 썰어 씨를 뺀다.

04 ②에 소금, 후춧가루를 뿌리고 달걀은 풀어놓는다.

05 ④의 새우에 밀가루를 묻혀서 털고 달걀 푼 것에 적셔 체에 밭친다.

06 열이 오른 팬에 기름을 두르고 한쪽 면에 청고추 · 다홍고추를 올려 지져내고 초간장을 곁들인다.

재료와 분량

새우(中) 4마리(소금 1작은술, 후춧가루 1/16작은술), 밀가루 2큰술, 달걀 1개, 풋고추 1/2개, 다홍고추 1/2개, 식용유 1큰술

초간장
간장 2큰술, 식초 1큰술, 설탕 1/2작은술, 레몬즙 1작은술, 잣가루 1/4작은술

Tip

밀가루를 앞뒤로 묻힌 후 새우에 남아 있는 밀가루를 반드시 손으로 털어내야 면이 매끄럽고 부친 후에도 맛있는 새우전이 된다. 새우에 밀가루를 묻힘으로써 해산물의 비린 맛을 제거할 수 있으며, 또한 꼬리의 해감은 긁어내고 조리해야 완성 후에도 깨끗하다.

생 선 전

전유어로는 비린 맛이 덜한 대구, 동태, 민어, 숭어 등이 좋다.

만드는 방법

01 동태는 지느러미, 내장, 비늘을 제거하여 물로 깨끗이 씻은 후 물기를 닦아내고 세 장 뜨기를 한다.

02 생선 껍질 쪽을 밑으로 가게 하여 꼬리 쪽에 칼을 넣어 생선살을 조금 떠서 껍질을 왼손에 잡고 칼을 서서히 밀면서 껍질을 벗겨낸다.

03 생선살은 5×4×0.5cm 크기로 포를 떠서 소금, 후춧가루를 뿌려 밑간을 한다.

04 쑥갓은 잎을 따놓는다.

05 생선살의 물기를 거두고 밀가루를 고루 묻혀 털어낸다.

06 풀어놓은 달걀물에 소금을 넣고 밀가루 묻힌 생선을 하나씩 넣었다 뺀다.

07 열이 오른 팬에 기름을 두르고 한쪽 면을 고르게 지져낸다.

08 ⑦에 ④의 쑥갓잎을 올리고 마저 지진다.

09 접시에 담아 초간장을 곁들인다.

재료와 분량

동태(300g크기) 1마리, 쑥갓 2줄기, 밀가루 2큰술, 달걀 1개, 소금 1/3작은술, 후춧가루 1/16작은술, 식용유 2큰술

초간장
간장 1큰술, 식초 1/2큰술, 설탕 1/4작은술, 레몬즙 1작은술, 잣가루 1/4작은술

Tip
전유어에 쓰이는 생선은 비린 맛이 덜한 흰살 생선류가 좋으며 붉은살 생선은 구이에 적합하다.

오징어전

오징어는 저지방, 저칼로리, 고단백질로 다이어트하는 사람이나 비만, 고지혈증, 당뇨병이 있는 사람에게 좋다. 또 풍부하게 들어 있는 타우린이 혈액 속의 콜레스테롤을 낮추며 중성지방을 줄여 혈압을 정상적으로 유지시키고 당뇨병을 예방한다.

만드는 방법

01 오징어의 몸체는 반으로 갈라 내장을 손질하여 껍질을 벗기고 다리는 소금으로 주물러 씻어 각각 곱게 다진다.

02 두부도 물기를 짜서 체에 내려 곱게 으깨 놓는다.

03 고추, 양파는 손질하여 곱게 다진다.

04 다진 오징어살과 두부를 섞어 양념을 한다.

05 양념한 재료에 달걀을 풀어 넣고 ③의 채소를 가볍게 섞는다.

06 뜨거운 팬에 기름을 두르고 한 수저씩 떠서 직경 5cm 정도가 되도록 동그랗게 지져낸다.

07 초간장을 만들어 곁들인다.

재료와 분량

오징어 200g, 두부 50g, 다홍고추 1/2개, 풋고추 1개, 양파 50g, 달걀 3개, 식용유 2큰술

양념
소금 1작은술, 파 2작은술, 마늘 1작은술, 참기름 1작은술, 깨소금 1작은술, 흰 후춧가루 1/16작은술

초간장
간장 1큰술, 식초 1큰술, 설탕 1/4큰술, 레몬즙 1작은술

Tip

오징어 다리의 빨판은 밀가루, 소금으로 거품이 나도록 주물러 씻어야 이물질 및 냄새가 제거된다. 전을 부칠 때에는 채소의 색이 선명하게 유지되도록 하는 것이 좋다. 피망, 당근 대신에 풋고추와 다홍고추를 손질하여 다져 넣으면 얼큰한 맛이 나므로 어른들에게 술안주로 특히 좋다.

양동구리

소의 양을 이용한 음식으로 보양식이다. 살집이 많은 깃머리양이나 벌집양을 손질하여 곱게 다져 오랜 시간 중탕하여 즙을 짜내서 '양즙'으로 해 먹으면 고단백 식품으로 허약한 사람들에게 매우 좋다.

만드는 방법

01 소 양은 뜨거운 물에 튀하여 표면의 검은 막을 벗겨 소금과 밀가루로 번갈아가며 주물러 씻어 물기를 제거하고 곱게 다진다.

02 ①의 다진 소 양에 분량의 양념을 한다.

03 열이 오른 팬에 기름을 두르고 한 수저씩 떠서 지름 4cm 크기로 지져낸다.

04 초간장을 만들어 곁들인다.

재료와 분량

소 양 150g(밀가루 3큰술, 소금 1큰술)

소 양 양념
녹말가루 2큰술, 달걀 흰자 1개분, 소금 1/4작은술, 파 2작은술, 마늘 1작은술, 참기름 1/2작은술, 깨소금 1작은술, 생강 1/4작은술, 흰 후춧가루 1/16작은술

초간장
간장 1큰술, 식초 1큰술, 설탕 1/2작은술

Tip

소 양은 냄새 제거를 위하여 밀가루, 소금 순으로 비벼 씻고 표피의 검은 막은 뜨거운 물에 튀해 가며 벗겨내고 다져야 한다. 양(천엽)을 다지지 않고 전을 부칠 때에는 깨끗이 손질하여 저며 잔칼집을 주어 밑간을 한 후 밀가루, 달걀 순으로 씌워 지져낸다.

꽈리고추산적

꽈리고추는 피망보다 비타민 C가 풍부하게 들어 있어 면역기능을 높이며 피로회복작용을 하므로 여름철 일사병에 적합한 식품이다. 민간요법으로 셀러리와 섞어 나무 방망이로 짓이긴 뒤에 짠 즙을 마시면 고혈압에 좋으며 양상추와 함께 달여 마시면 정장효과가 있다.

만드는 방법

01 꽈리고추는 꼭지를 따고 끓는 물에 파랗게 데쳐낸다.

02 고기는 연한 부위로 골라 0.5cm 정도의 두께로 포를 떠서 잔칼질하여 7×1×0.5cm 정도로 썰어놓는다.

03 준비된 재료로 양념장을 만들어 고기와 고추에 고루 버무린다.

04 꽈리고추, 쇠고기를 번갈아 꼬치에 꿰어 고추가 타지 않도록 팬에서 지져낸다.

05 접시에 가지런히 담고 잣가루를 뿌린다.

재료와 분량

꽈리고추 60g, 쇠고기 120g, 잣가루 1작은술, 꼬치(8~9cm) 6개, 식용유 2큰술

고기 · 고추 양념
간장 1큰술, 설탕 1작은술, 다진 파 1작은술, 다진 마늘 1작은술, 깨소금 1작은술, 참기름 1/2작은술, 후춧가루 1/16작은술

Tip

꽈리고추를 '댕가지'라고도 하며 꼬치에 꿰기 전에 바늘 침을 주어 요리하면 속까지 간이 배어들어 맛이 더 좋다. 또한 색상이 파랗게 유지되도록 하는 것이 좋으며 경상도의 향토음식으로 '댕가지 조림'이 있다.

느타리버섯산적

느타리버섯은 천화심(天花蕈)·만이(晩栮)라고도 하며 맛이 담백하고 질감이 쫄깃쫄깃한 것이 특징으로 쇠고기와 궁합이 잘 맞는 식품이다. 느타리버섯에 들어 있는 무기질 중 칼륨성분은 혈액 중의 나트륨 배출에 도움을 주며 특히 셀레늄은 노화방지에 효과가 있다. 또한 식이섬유가 풍부해 비만해소에도 좋은 식품이다.

만드는 방법

01 느타리버섯은 밑동을 자르고 큰 것은 길이로 2등분하여 끓는 물에 데친다.

02 ①의 물기를 짜고 간장, 참기름으로 양념한다.

03 고기는 6×1×0.6cm 크기로 썰어 갖은 양념을 한다.

04 버섯과 고기를 번갈아가며 꼬치에 꿰어 열이 오른 팬에 앞뒤로 굽고 접시에 담아 잣가루를 뿌린다.

05 접시에 보기 좋게 담는다.

재료와 분량

느타리버섯 200g(간장 2작은술, 참기름 1작은술), 쇠고기 150g, 잣가루 2작은술, 꼬치 10개, 식용유 1큰술

쇠고기 양념
간장 1큰술, 설탕 2작은술, 파 1큰술, 마늘 1작은술, 참기름 1작은술, 깨소금 1작은술, 후춧가루 약간

Tip

버섯산적은 버섯 고유의 향기를 머금고 있으므로 가능하면 파, 마늘 등의 향신양념을 하지 않고 재료 고유의 맛을 살리는 것이 좋다.

송이버섯산적

송이버섯은 위암, 직장암의 발생을 억제하는 항암성분인 크리스틴을 함유하고 있으며 향기성분은 계피산과 마타수타케올(matasutakeol)이 혼합된 것이다.

만드는 방법

01 자연송이는 뿌리 쪽의 모래를 씻어낸 다음, 소금물에 가볍게 씻어 칼로 껍질을 살살 벗겨내어 두께 0.5cm 정도의 길이로 썰고 소금과 참기름으로 양념한다.

02 쇠고기는 길이 7×1.5×0.4cm 정도로 썰어 자근자근 두드려 양념하여 놓는다.

03 쇠고기와 송이를 번갈아 꼬챙이에 꿰어 석쇠에 살짝 구운 다음 접시에 담아 잣가루를 뿌린다.

04 초간장을 곁들여 낸다.

재료와 분량

송이 200g(소금 1/2작은술, 참기름 1큰술), 쇠고기 200g, 식용유 1큰술, 꼬치 8개, 잣가루 1작은술

쇠고기 양념
간장 1큰술, 설탕 1작은술, 파 2작은술, 마늘 1작은술, 참기름 1작은술, 깨소금 1작은술, 후춧가루 1/16작은술

초간장
간장 2큰술, 식초 1큰술, 설탕 1/2작은술, 물 2큰술

Tip

송이의 독특한 향기가 살아나도록 양념은 되도록 쓰지 않는 것이 좋다. 자연송이는 갓이 피지 않은 중간 크기의 작은 것이 상품이다. 송이는 향기가 좋고 전분이나 단백질을 소화하는 효소를 지닌 소화력이 큰 식품이므로 소고기 장조림을 할 때 함께 조리하면 훨씬 고기가 부드럽다.

사슬적

생선을 촘촘히 끼워 뒷면에 다진 고기를 붙여 지지기도 한다. 사슬같이 쇠고기와 생선을 번갈아 꼬치에 꿰었다고 하여 '사슬적'이라 한다.

만드는 방법

01 쇠고기는 곱게 다져서 핏물을 빼놓고 두부는 물기를 빼고 다져서 쇠고기와 함께 섞어 갖은 양념을 한다.

02 대구살은 가시를 발라내고 7×1×0.7cm 크기로 썰어 소금 등으로 밑간을 한 다음 물기를 빼서 나머지 양념을 한다.

03 실백은 고깔을 떼고 곱게 다진다.

04 생선을 꼬치에 끼우고 고기와 맞닿는 쪽에 밀가루를 묻힌 다음 사이사이에 ①의 양념한 고기를 모양을 만들어 눌러 붙인다.

05 열이 오른 팬에 기름을 두르고 ④를 지져내어 접시에 담고 잣가루를 뿌린다.

06 초간장을 곁들인다.

재료와 분량

대구살 200g, 쇠고기 80g, 두부 30g, 밀가루 1큰술, 실백 1작은술, 대꼬치 4개, 식용유 1큰술

쇠고기 · 두부 양념
소금 1/3작은술, 설탕 1/4작은술, 파 1작은술, 마늘 1/2작은술, 참기름 1/2작은술, 깨소금 1작은술, 후춧가루 1/16작은술

생선 양념
소금 1/4작은술, 마늘 1/2작은술, 생강 1/4작은술, 참기름 1/2작은술, 후춧가루 1/16작은술

초간장
간장 2큰술, 식초 1큰술, 설탕 1작은술

Tip

생선은 주로 도미, 대구, 민어 등의 흰살 생선을 이용한다.
고기와 생선을 꼬치에 꿰어 구우면 1~2cm 정도 줄어들므로 가열했을 때의 길이를 감안하여 자르도록 한다.

떡갈비구이

갈비에 붙어 있는 살을 떼어내어 너붓너붓 썰거나 곱게 다져서 인절미 치듯이 치고 다시 갈비뼈에 감싼 다음 번철이나 오븐에 구워내는 것을 떡갈비라 한다. 주로 전라남도 담양, 해남, 장흥, 강진 등지에서 유명하다.

만드는 방법

01 5cm 정도의 갈비는 살과 뼈를 나누어 놓는다.

02 ①의 갈비살은 기름기를 떼어내고 얇게 저며서 곱게 다져 놓는다.

03 ②에 소금 등의 갈비살 양념을 넣고 끈기가 생기도록 오래도록 치댄다.

04 갈비뼈는 끓는 물에 데쳐내어 밀가루를 묻히고 ③의 고기 반죽을 붙인 다음 표면이 부드럽게 되도록 칼끝으로 손질하여 만진다.

05 배는 강판에 갈아 나머지 양념과 섞어 양념장을 만든다.

06 열이 오른 팬에 기름을 두르고 ④의 떡갈비를 올려서 표면이 어느 정도 익으면 양념장을 발라가면서 속까지 완전히 익도록 가열한다.

재료와 분량

갈비 400g, 밀가루 1/2컵

갈비살 양념
소금 1/4작은술, 찹쌀가루 2큰술, 파 1/2작은술, 마늘 1/4작은술, 생강즙 1/8작은술, 참기름 1/2작은술, 깨소금 1작은술, 후춧가루 1/16작은술

양념장
간장 1큰술, 설탕 2작은술, 배즙 2큰술, 마늘 1작은술, 참기름 1/2작은술, 깨소금 1작은술, 후춧가루 1/16작은술

Tip

갈비뼈를 데쳐내지 않고 생것에 양념고기를 붙여 익히면, 익으면서 뼈에서 핏물이 나와 보기에 좋지 않을 뿐 아니라, 고기가 뼈에서 떨어지므로 반드시 데치거나 구워서 사용하는 것이 좋다. 쇠고기를 다지지 않고 얇게 썰어 양념하여도 좋으며 고기에 쌀가루나 밀가루를 넣어 오래 치대면 맛이 쫄깃하다.

대합구이

구이는 인류가 불을 사용하며 가장 먼저 사용하게 된 조리법으로 일상식, 의례음식에 모두 쓰인다. 대합은 날로 먹을 수 있다고 해서 '생합', 깨끗하다는 의미에서 '백합'으로도 불리며, 똑같은 짝으로 두 껍질이 꼭 물리므로 혼례 때 사용한다. 대합은 지방함량이 낮고 단백질의 질이 우수하여 신부전증 예방에 좋다.

만드는 방법

01 대합은 소금물에 담가 해감을 토하게 한 후 끓는 물에 살짝 데쳐 살을 발라내고 껍질은 씻어놓는다.

02 ①의 대합살과 조갯살은 손질하고 씻어 물기를 제거하여 곱게 다진다.

03 쇠고기도 곱게 다지고 두부도 물기를 빼고 으깨서 ②의 다진 조갯살을 함께 섞어 양념한다.

04 ①의 대합 껍질에 기름을 묻혀 밀가루를 뿌리고 ③의 소를 편편하게 채워 살부분에 밀가루를 조금 묻힌 후 쑥갓잎을 보기 좋게 붙여 달걀을 씌워 지진다.

05 ④를 석쇠에 올려 속이 익도록 굽는다.

06 접시에 보기 좋게 담는다.

07 초간장을 곁들인다.

재료와 분량

대합 5개, 조갯살 50g, 쇠고기 30g, 두부 50g, 달걀 1개, 밀가루 2큰술, 식용유 1큰술, 쑥갓 1잎

소 양념
소금 1/3작은술, 파 2작은술, 마늘 1작은술, 깨소금 1작은술, 참기름 1/2작은술, 후춧가루 1/16작은술

초간장
간장 2큰술, 식초 1큰술, 설탕 1/2작은술

Tip

대합이나 모시조개는 소금물에 담가서 모래와 해감을 빼내는데 밝은 곳보다는 어두운 곳에서, 찬 곳보다는 상온에서가 더욱 효과적이다. 대합을 통째로 구울 때에는 조갯살이 붙은 쪽, 즉 패주가 붙은 쪽을 불에 대고 구워야 조개의 국물이 바깥으로 빠지지 않는다.

파강회

파강회는 숙회의 일종이다. 두릅회, 미나리강회는 재료를 살짝 익혀서 먹는 채소 숙회이고 생으로 얇게 썰어 먹는 자연 송이회는 채소생회의 하나이다.

만드는 방법

01 쪽파는 다듬어 씻어 10cm 정도의 길이로 썰어 끓는 물에 데친다.

02 달걀은 도톰하게 지단을 부쳐서 길이 4×0.3×0.3cm로 굵게 채썰어 놓는다.

03 다홍고추, 편육은 지단 길이와 같은 크기로 채썬다.

04 실파를 한 가닥만 들고 고추, 알지단, 편육을 보기 좋게 세워서 4cm 정도의 길이로 만다.

05 접시에 담아 초고추장과 같이 낸다.

재료와 분량

쪽파 50g, 달걀 2개, 다홍고추 1개, 편육 50g

초고추장
고추장 3큰술, 식초 2큰술, 청주 1작은술, 물엿 1/2큰술, 설탕 1큰술, 마늘즙 1작은술, 생강즙 1/4작은술, 레몬즙 1큰술

Tip

강회로 쓰이는 주재료는 미나리, 실파가 대표적이다. 실파나 연한 미나리를 파랗게 데쳐내어 길이로 가늘게 찢어 물기를 제거하고, 알지단, 편육, 버섯 등을 가늘게 채썰어 말아 초고추장에 찍어 먹는 술안주 음식의 하나이다.

새우살 겨자채

새우에는 양질의 단백질이 많고 칼슘 등의 무기질과 비타민 A, B₁, B₂가 다량 들어 있다. 단백질은 새우의 뇌, 정소, 난자 등에 많이 들어 있으며 말린 새우에 더 많다. 그 외 타우린, 호박산이 들어 있어서 시원한 감칠맛과 향기를 느끼게 하며, 익혔을 때 선홍색의 색상을 나타내는 색소단백질은 조리 시 다른 식품과의 조화를 이루게 한다.

만드는 방법

01 중하는 손질하여 껍질째 익혀 껍질을 벗긴 다음 편썰기한다.

02 오이는 깨끗이 씻어 씨를 제거하고 4×1×0.3cm로 골패썰기하여 절인다.

03 당근도 손질하여 오이와 같은 크기로 썬다.

04 달걀은 황·백으로 나누어 지단을 부쳐서 4×1×0.3cm의 골패형으로 썬다.

05 배, 밤은 껍질을 벗겨 골패형 또는 편썰기한다.

06 ①~③을 각각 볶아 식혀놓는다.

07 식초와 나머지 양념을 섞어 냉채소스를 만든다.

08 ⑥에 ⑦을 섞어 버무리고 ⑤를 넣어 가볍게 섞는다.

재료와 분량

중하 200g, 오이 1/2개, 당근 30g, 달걀 1개, 배 1/4쪽, 밤 2개, 식용유 2작은술

냉채소스
식초 1큰술, 설탕 1/2큰술, 간장 1작은술, 소금 1/4작은술, 마늘 1작은술, 발효겨자 1작은술, 후춧가루 1/16작은술

Tip

새우살 대신 오징어를 이용해도 좋다. 오징어 몸살 안쪽에 0.3cm 간격으로 길게 칼집을 넣고 끓는 물에 데쳐내면 둥글게 말린다. 이것을 0.5cm 두께로 썰면 꽃무늬처럼 동그랗게 모양이 나서 더 예쁘다.

대하잣즙채

대하는 찔 때 껍질째 쪄야 새우의 색이 선명하게 잘 유지된다. 오이, 죽순과 편육을 넣고 잣즙으로 무친 것으로 궁중에서 교자상에 올리는 귀한 음식이다.

만드는 방법

01 대하는 손질하여 등쪽 2번째 마디에서 내장을 빼고, 껍질째 열이 오른 찜통에서 10여 분간 찐다.

02 ①의 대하는 껍질을 벗기고 반으로 갈라 포를 뜬다.

03 사태는 물과 향미채소를 넣고 끓여서 건져 편육을 만들고 4×1×0.3cm의 골패형으로 썬다.

04 오이는 삼각썰기하여 씨를 빼서 편육과 같은 크기로 썰고 소금에 절여 물기를 짠다.

05 죽순은 4cm로 썰어 반으로 갈라 흰 석회질을 제거하고 폭 1.5cm, 두께 0.3cm으로 썰어놓는다.

06 열이 오른 팬에 기름을 두르고 ④, ⑤를 재빨리 볶아낸다.

07 잣을 종이 위에 놓고 곱게 다져 육수와 나머지 양념을 하여 잣즙을 만든다.

08 ②의 대하를 ⑦의 잣즙으로 가볍게 버무리고 편육과 ⑥의 부재료를 섞은 다음 접시에 담는다.

재료와 분량

대하 4마리(소금 1/4작은술), 쇠고기 100g, 죽순 50g, 오이 1/2개

쇠고기 편육
사태 100g, 물 2컵, 파 1/4대, 마늘 1톨, 생강 1/3쪽

잣즙
잣 40g, 육수 3큰술, 소금 1/3작은술, 참기름 1/2작은술, 흰 후춧가루 1/16작은술

Tip

재료는 손질하여 차게 준비해 놓고 잣을 곱게 다지거나 육수를 넣고 믹서에 걸쭉하게 갈아 잣즙을 만들어 소스로 사용한다. 잣 대신 호두나 땅콩을 이용하기도 한다.

닭 겨자냉채

겨자의 매운맛 성분은 겨자유로 1% 정도 들어 있으며 흑겨자에는 시니그린 (sinigrin)의 형태로 들어 있다. 겨자의 배당체는 그 자체로는 향미가 없지만 따뜻한 물을 첨가하여 일정온도에 보관하면 미로시나아제(myrosinase)의 작용으로 이소티오시아네이트(isothiocyanate)가 생성되어 매운맛이 난다.

만드는 방법

01 닭은 껍질을 벗겨 끓는 물에 삶은 후 살만 발라 결대로 0.5cm 두께로 찢는다.

02 오이는 손질한 후 4×1×0.2cm의 골패형으로 썬다.

03 당근, 양배추, 배도 오이와 같은 크기로 썬다.

04 죽순은 빗살 모양을 살려 4×1×0.2cm 길이로 썬 후 끓는 물에 살짝 데쳐서 찬물에 헹군다.

05 달걀은 황·백으로 나누어 지단을 도톰하게 부쳐서 채소와 같은 크기로 썬다.

06 발효겨자에 설탕, 식초, 소금, 연유를 섞어 겨자소스를 만든다.

07 접시에 준비한 냉채 재료를 가지런히 담고 잣을 올리고 먹기 직전에 겨자소스를 끼얹는다.

재료와 분량

닭 1/3마리, 오이 1/2개, 당근 1/4개, 양배춧잎 2장, 배 1/4개, 죽순 50g, 달걀 1개, 잣 1작은술

겨자소스
식초 2큰술, 설탕 1큰술, 발효겨자 1작은술, 소금 2작은술, 연유 1큰술

Tip

겨자는 닭고기의 누린내를 없애주는 역할을 하며, 겨자소스에 연유를 넣으면 특유의 톡 쏘는 맛이 부드러워진다. 겨자의 특이한 향기와 맛 성분은 고기나 생선의 냄새 제거와 아울러 단백질 소화증진에 효과가 있다.

월과채

월과는 박과의 한해살이 덩굴풀로 참외의 한 변종이다. 열매는 오이처럼 식용으로 사용하나 애호박을 쓰기도 한다.

만드는 방법

01 애호박은 반으로 갈라 수저로 씨를 긁어내고 0.3cm 두께로 고르게 썬 다음 소금에 절이고 물기를 짠다.

02 쇠고기는 다지고 표고버섯은 불려 물기를 짜서 채썰어 양념한다.

03 느타리버섯은 결대로 찢어 끓는 물에 소금을 넣고 데친다.

04 다홍고추는 반으로 갈라 씨를 빼서 4×0.2×0.2cm로 채썬다.

05 찹쌀가루는 묽게 개어 소금 간을 하여 얇게 찰부꾸미를 부친 다음 4×0.5×0.3cm로 굵게 채썬다.

06 달걀은 황·백으로 나누어서 부꾸미와 같은 크기로 썬다.

07 ①~④의 재료를 각각 볶아 식힌다.

08 ⑦의 볶아놓은 느타리버섯에 소금 간을 하여 눌러 무친 다음 나머지 재료와 고루 섞는다.

09 ⑧을 접시에 담고 잣가루를 올린다.

재료와 분량

애호박 100g(소금 1/2작은술), 쇠고기 50g, 표고버섯 2장, 느타리버섯 100g, 다홍고추 1/2개, 찹쌀가루 1/2컵, 달걀 1개, 잣가루 1작은술

쇠고기·버섯 양념
간장 1작은술, 설탕 1/4작은술, 파 1/2작은술, 마늘 1/4작은술, 참기름 1/2작은술, 깨소금 1/2작은술, 후춧가루 1/16작은술

Tip

월과채는 나물의 일종으로 애호박에 쇠고기와 여러 가지 버섯을 섞어 무치고 찹쌀전병을 부쳐서 섞은 요리다. 찹쌀전병은 화전을 부치는 방법으로 되직하게 반죽하며, 여기에 약간의 밀가루를 섞어주면 완성 후 덜 달라붙는다.

삼색밀쌈

삼색밀쌈은 유두절식의 하나이다. 『동국세시기』에 유월 유두날 궁중이나 반가에서 밀전병에 줄나물로 만든 소 또는 콩과 깨에 꿀을 섞어 만든 소를 싸서 연병(連餅)을 만들어 먹는다는 기록이 있다. 밀쌈이라는 용어는 1930년대 조리서에서 나오기 시작한다

만드는 방법

01 오이는 5×0.1×0.1㎝로 채썰고 건표고버섯은 따뜻한 물에 불려 기둥을 따내 당근, 죽순과 함께 오이와 같은 크기로 채썬다.

02 쇠고기는 결대로 채썰어 양념한다.

03 ①의 채소는 각각 볶아 식힌 다음 물기를 짜서 양념하고 ②와 가볍게 섞어 소를 만든다.

04 당근과 시금치는 각각 물을 넣고 믹서에 곱게 갈아 체에 밭친다.

05 밀가루는 3등분해서 당근즙·시금치즙과 물을 섞어 소금 간을 해서 밀전병을 부친 다음 20×7cm로 썬다.

06 ⑤의 밀전병에 ③의 소 가운데를 꼭꼭 눌러 가지런히 놓고 단단히 말아 4cm 길이로 썬다.

07 접시에 보기 좋게 돌려 담고 겨자장을 곁들여 낸다.

재료와 분량

오이 200g, 건표고버섯 2장, 죽순 50g, 당근 30g, 쇠고기 30g

쇠고기 양념
소금 1/4작은술, 파 1/2작은술, 마늘 1/4작은술, 참기름 1/4작은술, 깨소금 ½작은술, 후춧가루 1/16작은술

밀전병
밀가루 1컵, 소금 1작은술, 녹말 ½작은술, 물 1컵, 당근 20g, 시금치 20g

전체 양념
소금 약간, 참기름 1/4작은술, 깨소금 1/4작은술

겨자장
식초 1큰술, 설탕 1큰술, 물 1큰술, 간장 1작은술, 소금 약간, 발효겨자 1작은술

Tip

또 다른 별법으로 밀전병을 매끈하고 얇게, 팬 전체 크기로 부쳐 직경 8cm 크기의 커터로 둥글게 찍어내어 사용하거나, 한 수저씩 밀가루 즙을 떠내어 둥글게 부쳐 바로 사용하기도 한다. 밀쌈을 말 때는 속 내용물의 수분을 가급적 제거하는 것이 좋으며 양념하여 원추형, 또는 원기둥형으로 모양을 낸다.

무말이 강회

『연대 규곤요람』과 『시의전서』 등을 보면 한말에야 비로소 강회가 나타난다. 재료를 준비하여 상투 모양으로 도르르 감는 것을 말하며 초고추장이나 겨자장을 찍어 먹는다.

만드는 방법

01 무는 직경 7cm, 두께 0.1cm로 얇게 떠서 무 양념에 재어놓는다.

02 오이는 4cm로 썰어 돌려깎기하여 4×0.1×0.1cm로 곱게 채썬다.

03 표고는 따뜻한 물에 불려서 기둥을 따내고 가늘게 채썬다.

04 셀러리, 당근도 오이와 같은 크기로 채썬다.

05 ②, ③, ④를 섞어 소금, 설탕을 넣고 간을 맞춘다.

06 ①의 물기를 짜서 펼쳐놓고 ⑤를 가지런히 놓아 무순, 팽이버섯을 올려 원추형이 되도록 말아 접시에 담는다.

재료와 분량

무 150g, 오이 1/2개, 표고버섯 1개, 셀러리 50g, 당근 20g, 무순 10g, 팽이버섯 1/3봉

무 양념
식초 1½큰술, 설탕 1½큰술, 소금 1작은술, 물 1/2컵

속 양념
소금 1/2작은술, 설탕 1작은술

Tip

무에 치자, 당근, 시금치 즙 등을 이용하여 색을 내어 이용하면 한층 더 입맛을 돋우며 가을철의 무맛이 좋을 때 이용하면 다양하게 즐길 수 있다. 주로 전채요리에 새콤달콤하게 이용하며 새콤달콤한 맛의 비율은 식초 : 설탕 : 소금이 1 : 1 : 0.3 이다.

깨즙채

깨즙채는 깨를 갈아 만든 소스에 여러 가지 재료를 채썰어 닭육수에 버무린 냉채의 일종이다. 양상추에는 락투신(lactucin)이 있어 쓴맛을 내고 신경안정작용이 있다.

만드는 방법

01 양상추는 떡잎을 떼어내고 씻어 손으로 뜯어 물에 담가놓는다.

02 셀러리는 껍질을 벗겨놓고, 오이도 반으로 길게 갈라서 4× 1×0.3cm가 되도록 어슷하게 썬다.

03 닭은 향미채소를 넣고 삶아 살은 굵직하게 뜯고, 국물은 체에 밭쳐놓는다.

04 밤은 0.3cm로 편썰고, 귤은 껍질을 벗겨 밤과 같은 두께로 편썰기한다.

05 달걀은 황·백으로 나누어 도톰하게 지단을 부쳐서 4× 1cm의 골패형으로 썬다.

06 믹서에 깨를 넣고 물과 함께 곱게 갈아 체에 밭친 후 닭 국물을 섞어 간을 맞춘다.

07 ①을 볼에 담아 ②~⑤의 고명을 보기 좋게 얹어 ⑥의 깨즙소스를 뿌린다.

재료와 분량

양상추 1/2포기, 셀러리 1줄기, 오이 1/2개, 닭안심 100g(물 1컵, 마늘 1톨, 생강 1/2톨, 파 10g), 밤 2개, 체리 토마토 3알, 귤 1/2개, 달걀 2개

깨즙소스
볶은 깨 1/2컵, 물 1/2컵, 닭국물 1/2컵, 식초 2큰술, 설탕 1큰술, 소금 2작은술

Tip

양상추를 칼로 자르면 자른 단면이 공기 중의 산소와 접촉하면서 갈변되어 시간이 지나면 누렇게 되어 신선도가 많이 떨어지므로 가능하면 손으로 찢는 것이 좋다.

해물잣즙채

어패류, 갑각류에는 무기질과 타우린, 호박산이 들어 있어 시원한 감칠맛이 나며 간장 해독작용, 체내 지방 분해작용, 혈중 콜레스테롤 저하작용 등이 있어 고혈압 등 혈관계 질환에 좋다.

만드는 방법

01 소라는 삶아 껍질과 내장을 떼어내고 솔로 해감을 제거한 뒤 씻는다.

02 갑오징어는 껍질을 벗기고 안쪽에 0.3cm 간격으로 칼집을 넣는다.

03 새우와 관자는 내장을 손질하여 놓는다.

04 끓는 물에 다듬어 놓은 해물들을 각각 살짝 데쳐낸다.

05 관자와 소라 살은 모양을 살려 0.2cm 두께로 편썰며, 새우는 껍질을 벗긴 뒤 길이로 반을 갈라놓고, 갑오징어는 4×1.5cm 크기로 자른다.

06 생률은 3~4쪽으로 편썰고 대추는 돌려깎기하여 씨를 뺀 후 4~5쪽으로 썬다.

07 오이는 4×1.5×0.3cm로 썰고, 죽순도 오이와 같은 크기로 빗살무늬를 살려서 썬 뒤 끓는 물에 각각 데쳐낸다.

08 실백은 육수를 넣고 갈아서 양념하여 놓는다.

09 준비된 재료들은 물기를 제거하고 잣즙소스를 넣고 가볍게 버무려 담는다.

재료와 분량

소라살 1개, 갑오징어(소) 1/4마리, 대하 2마리, 관자 1개, 생률 2개, 대추 2개, 오이 60g, 죽순 60g

잣즙소스
실백 50g, 육수 4큰술, 소금 1/2작은술, 참기름 1/2작은술, 흰 후춧가루 1/16작은술

Tip

잣은 고깔을 떼고 사용하며 잣 대신 호두나 땅콩을 이용하여 잣즙을 만들어 사용해도 좋으며 모든 재료를 차게 준비하여 놓은 후 소스를 따로 만들어 먹기 직전에 버무리는 것이 좋다.

해물겨자채

겨자씨는 배당체(倍糖體) 시니그린 및 가수분해효소 미로신을 함유하고, 종자를 가루로 만들어서 물을 부어 놓아두면 효소 미로신에 의해 가수분해되어 1% 정도의 휘발성 겨자기름이 분리되면서, 특유한 향기와 매운맛이 생긴다. 이것을 향신료(香辛料) 겨자라고 한다.

만드는 방법

01 오징어 몸살은 0.2cm 간격으로 칼집을 넣어 끓는 물에 데친 후 0.2cm 두께의 꽃무늬형으로 썬다.

02 알새우와 차새우는 찜통에 쪄서 껍질을 벗겨 반으로 갈라 등쪽으로 내장을 제거한다.

03 소라는 손질하고 모양을 살려서 0.2cm 두께로 편썰기한다.

04 오이는 0.2cm 두께로 동그랗게 썰어 살짝 절인다.

05 셀러리는 껍질을 벗겨 V자형으로 썰어 준비한다.

06 밤은 껍질을 벗기고 0.2cm 두께로 썰고, 금귤과 체리토마토도 0.2cm 두께로 납작하게 썬다.

07 대추는 씨를 빼서 2~3등분하고, 소스는 재료를 모두 섞어 놓는다.

08 ①~③의 재료를 겨자소스로 버무린 후 ④~⑦의 준비된 채소와 섞는다.

09 ⑧을 접시에 담은 후 실백을 뿌린다.

재료와 분량

갑오징어 1/2마리, 차새우 3마리, 알새우 80g, 깐소라살 1개, 오이 1/2개, 셀러리 1/2줄기, 밤 2개, 금귤 3개, 체리토마토 3개, 대추 3개, 실백 1큰술

겨자소스
마요네즈 4큰술, 식초 2큰술, 설탕 2작은술, 겨자 1작은술, 소금 1작은술, 레몬즙 1큰술

Tip

해물은 기호에 따라 좋아하는 것 1~2종류만 사용해도 좋으며, 그에 따른 채소도 색색의 파프리카나 브로콜리 등으로 대체해도 좋다.

밀 쌈

밀전병은 부칠 때 물에 밀가루를 섞어 개어서 바로 부치는 것보다 30여 분 실온에 두었다가 조리하면 밀가루가 충분히 수화되어 끈기와 탄력성이 증가되므로 부쳤을 때 훨씬 더 쫄깃하다.

만드는 방법

01 오이는 가시를 제거하고 5cm 길이로 썰어 돌려깎기하여 5×0.1×0.1cm로 곱게 채썬다.

02 당근, 죽순도 5×0.1×0.1cm로 곱게 채썬다.

03 건표고버섯은 더운물에 불려 기둥을 따내어 가늘게 채썬다.

04 쇠고기는 결대로 가늘게 채썰어 양념하여 둔다.

05 ①~④의 재료를 각각 볶아 식힌다.

06 밀가루는 묽게 개어 소금으로 간을 맞춘 후 열이 오른 팬에 기름종이로 팬을 닦아낸 뒤 밀전병을 넓게 부친 다음 20×7cm로 썬다.

07 ⑤를 모두 혼합하여 물기를 꼭 짜서 양념한다.

08 ⑥에 ⑦을 가지런히 놓은 다음 직경 1.5cm로 단단히 싼다.

09 ⑧을 4cm 길이로 썰어 접시에 담아내고 겨자 초간장을 곁들인다.

재료와 분량

오이 100g, 당근 30g, 죽순 30g, 건표고버섯 2장, 쇠고기 30g

쇠고기 양념
간장 1/4작은술, 파 1/4작은술, 마늘 1/4작은술, 참기름 1/4작은술, 깨소금 1/4작은술, 후춧가루 1/16작은술

소 양념
소금 1/4작은술, 참기름 1/2작은술, 깨소금 1작은술

밀전병
밀가루 1/2컵, 물 1/2컵, 소금 1/8작은술

겨자 초간장
간장 1큰술, 식초 1/2큰술, 물 1큰술, 발효겨자 1/2작은술, 설탕 1/2작은술

Tip

밀쌈을 만들 때 밀전병은 가능한 한 속재료가 보일 정도로 얇게 부치고 맛은 담백해야 좋다. 따라서 속재료로 이용되는 채소는 채썰어 기름을 적게 두르고 볶아야 한다.

숙주채

숙주는 녹두를 물에 불려 싹이 나게 하여 기른 나물로 녹두채(綠豆菜)라고도 한다.

만드는 방법

01 숙주는 머리와 꼬리를 떼고 씻어서 끓는 물에 데쳐 건져서 식힌다.

02 미나리는 다듬어서 끓는 물에 데쳐 물기를 짠 다음 길이 5cm 정도로 썬다.

03 편육은 5×0.5×0.3cm의 골패형으로 썰어놓는다.

04 배도 편육과 같은 크기로 썬다.

05 준비된 ①~③의 재료를 양념하여 무치고 마지막에 배를 얹어낸다.

재료와 분량

숙주 200g, 미나리 100g, 편육 30g, 배 1/4개

양념
소금 1작은술, 파 2작은술, 마늘 1작은술, 식초 1큰술, 설탕 1작은술, 깨소금 1작은술

Tip

채는 나물의 총칭으로 익혀서 무치는 숙채와 생재료를 새콤달콤하게 무쳐내는 생채 및 냉채가 있다.
골패형 썰기는 4~5cm의 길이로 폭 0.5~0.8cm, 두께 0.3cm로 썬 것으로 '장방형썰기'라고도 한다.

미역자반

미역에는 칼슘과 요오드 등 무기질이 풍부하며 알긴산(alginic acid)이 들어 있다. 요오드는 갑상선호르몬인 티록신(thyroxine)을 만드는 성분이며 알긴산은 정장작용을 하며 중금속의 독성을 배설시키고 변비를 예방하는 효과가 있다.

만드는 방법

01 미역은 잎으로 준비하여 길이 5cm 정도로 자른다.

02 달구어진 팬에 기름을 넉넉히 두르고 미역을 튀기듯이 하여 파랗고 바삭하게 볶아낸다

03 미역이 뜨거울 때 설탕을 뿌리고 그릇에 담아 통깨를 뿌린다.

재료와 분량

마른 미역 20g, 설탕 1작은술, 통깨 1/2 작은술, 식용유 3큰술

Tip

뜨거울 때 설탕을 뿌려야 설탕입자가 빨리 녹아 윤기가 나며, 미역 자체에 간이 되어 있으므로 따로 간을 하지 않는다.
미역을 기름과 함께 섭취하면 미역의 풍미를 좋게 할 뿐만 아니라 생리적인 효과까지 상승시켜 준다.

뱅어포구이

뱅어(白魚, 氷魚)는 백도라치, 백어, 벨 등으로 불리며, 이른 봄과 겨울철에 나는 생선으로서 빛이 희고 미끄러우며 비늘이 없고 깨끗하다. 뱅어로 만든 뱅어포는 칼슘과 철의 함량이 매우 높아 골다공증 예방에도 효과적이다.

만드는 방법

01 뱅어포는 잡티를 떼어낸다.

02 양념장을 고루 섞어놓는다.

03 ①의 한쪽 면에 ②의 양념장을 고루 바른다.

04 열이 오른 팬에 기름을 넉넉히 두르고 ③의 뱅어포를 타지 않도록 구워낸다.

05 ④가 식으면 4×2cm로 썰어놓는다.

재료와 분량

뱅어포 4장, 식용유 3큰술

양념장
고추장 2큰술, 파 1작은술, 마늘 1작은술, 간장 1작은술, 청주 1큰술, 설탕 1큰술, 물엿 1큰술, 참기름 1작은술, 깨소금 2작은술, 후춧가루 1/16작은술

Tip

양념장에 기름을 넉넉히 넣어야 좋으며 바로 구웠을 때는 뜨거워 눅진하지만, 식으면 바삭하여 먹기에 좋다. 깻잎채를 곱게 썰어 양념장에 섞어 살짝 구워내도 향이 좋으며, 때에 따라서는 찹쌀풀을 쑤어 2장을 겹쳐 구워내기도 한다.

건새우고추장볶음

건새우는 새우를 손질하여 쪄서 말린 것으로 밑반찬으로 이용하기도 하며 된장찌개나 육수에 통으로 넣기도 한다. 또한 열이 오른 팬에 기름을 두르지 않고 볶아 식힌 후 가루를 내어 천연양념으로 사용하기도 한다.

만드는 방법

01 보리새우는 잡티를 고르고 손질하여 가볍게 씻어 건진다.
02 양념장을 고루 섞어놓는다.
03 열이 오른 팬에 기름을 두르고 ①의 새우를 볶는다.
04 양념장을 모두 섞어 잠깐 조린다.
05 ④에 ③을 섞고 뒤적인 후 불을 끄고 전체 양념을 한다.

재료와 분량

건새우 150g, 식용유 1큰술
양념장
고추장 2큰술, 파 1작은술, 마늘 1작은술,
간장 1작은술, 청주 1큰술, 설탕 2작은술,
깨소금 2작은술, 후춧가루 1/16작은술
전체 양념
물엿 1큰술, 참기름 1작은술

Tip

또 다른 방법으로 고추기름을 둘러 볶아낸 다음 양념장을 만들지 않고 설탕을 뿌리기도 한다.

멸치 볶음

잔멸치는 흰색이나 파란색을 약간 띠고 투명한 것이 상품(上品)이며 중간과 다시멸치는 금빛이 나고 맑은 기운이 도는 것이 좋다. 멸치육수의 구수한 맛은 글루타민산 때문이다.

만드는 방법

01 잔멸치는 티를 골라낸다.

02 팬에 식용유를 두르고 잔멸치를 넣어 바삭하게 볶아놓는다.

03 물엿을 제외한 양념장을 모두 섞어 끓이다가 ②의 멸치를 넣고 뒤적인 후 불을 끈다.

04 ③에 물엿을 넣고 고루 섞은 후 통깨, 참기름을 넣는다.

재료와 분량

잔멸치 200g, 식용유 1큰술

양념장
간장 2작은술, 설탕 1큰술, 파 2작은술, 마늘 1작은술, 생강 1/4작은술, 물엿 2큰술

전체 양념
통깨 1/4작은술, 참기름 1/8작은술

Tip
칼슘의 왕으로 임산부, 발육기의 어린이에게 특히 좋으며 인체를 산성화시키는 인공조미료 대신 천연조미료로 많이 활용된다. 볶음용 멸치는 세멸, 중멸이 좋으며 육수를 끓일 때는 다시멸치인 대멸을 사용한다.

오징어실채볶음

오징어를 건조시켜 가공한 것으로 기계로 가늘게 채썰어 조리에 이용한다.
비슷한 재료로 오징어 진미채가 있다.

만드는 방법

01 오징어실채는 길이를 반으로 잘라 펼쳐놓는다.

02 열이 오른 팬에 기름을 충분히 두르고 오징어실채가 팬의
바닥 전체에 닿게 하여 서서히 볶는다.

03 냄비에 간장, 설탕 등의 양념을 넣고 끓인다.

04 ③에 ②를 넣고 재빨리 볶아낸 다음 물엿, 참기름을 섞어
뒤적인다.

05 ④를 접시에 담아내고 흑임자를 뿌린다.

재료와 분량

오징어실채 100g, 흑임자 1/4작은술, 식
용유 3큰술

양념장
간장 1큰술, 설탕 1/2큰술, 파 1작은술,
마늘 1/2작은술, 물 1큰술

전체 양념
물엿 1큰술, 참기름 1/4작은술

Tip

오징어실채를 볶을 때 너무 센 불에서 볶으면 자칫 태우기 쉽다. 먼저 오징어실채를 6~7cm로 자르고 펼쳐서 기름을 전
체적으로 오징어에 비벼 무친다. 열이 오른 팬에 볶으면 고르게 익으면서 타지 않아 좋다. 펼치지 않고 기름에 볶으면 엉
겨서 잘 볶아지지 않고 매운맛을 내고자 할 때에는 고추기름에 볶으면 좋다.

삼색북어보푸라기

『시의전서(是議全書)』에 북어무침이 소개되어 있으며 서울·경기에서는 북어보푸라기를 북어무침이라고도 한다. 말린 북어에는 수분이 34%, 단백질 56%, 지방 2% 정도로 다른 생선에 비해 지방이 적다. 북어에 들어 있는 단백질에는 간의 지방을 분해하여 간 보호에 필수성분으로 이용되는 메티오닌(methionine)이 들어 있어서 콩나물을 넣은 북엇국이 피로나 주독(酒毒)을 푸는 해장국으로 많이 이용된다.

만드는 방법

01 북어는 머리를 떼어내고 껍질을 벗겨 뼈와 가시를 발라낸 다음 수저로 긁어내든지 살을 가늘게 뜯어 손으로 비벼서 부드럽게 만든다.

02 보푸라기를 3등분하여 ①, ②, ③각각의 양념으로 색이 고르게 무친다.

03 붉은색은 고춧가루를 고운체에 거르거나 거즈에 고추 물을 내어 색을 낸다.

04 삼색의 북어무침을 한 접시에 동량씩 보기 좋게 담아 낸다.

재료와 분량

북어포 1마리(70g)
① 흰색
  소금 1/6작은술, 설탕 1/2작은술, 참기름 1/4작은술, 깨소금 1/2작은술
② 노란색
  간장 1/4작은술, 설탕 1/2작은술, 참기름 1/2작은술, 깨소금 1/2작은술
③ 붉은색
  고춧가루 1/2작은술(물 1작은술), 설탕 1/2작은술, 소금 1/6작은술, 참기름 1/4작은술, 깨소금 1/2작은술

Tip

보푸라기에 이용되는 북어포는 명태를 40일간 얼렸다녹였다를 반복하여 건조시킨 것이다.
삼색보푸라기는 죽상에 물김치와 함께 밑반찬으로 자주 쓰이는 메뉴로 특히 붉은색을 내는 고춧가루는 다진 후 고운체에 내려 사용해야 색이 곱다.

연근조림

연근은 다른 식물식품과는 달리 비타민 B_{12}가 포함되어 있는 것이 특징이다. 연근에 들어 있는 타닌은 갈변의 원인 물질이 되기도 하지만 점막조직의 염증을 가라앉히는 소염효과도 있다. 생연근을 강판에 갈아 연근전을 만들거나 연근의 주성분이 전분이므로 설탕을 넣고 조려 정과를 만들어도 좋다.

만드는 방법

01 연근은 너무 굵지 않은 것으로 구입하여 껍질을 벗기고 0.3cm 두께로 썰어 식초물에 10여 분 담가둔다.

02 ①의 연근을 건져내어 찬물에서부터 삶는다.

03 향미채소들은 손질하여 큼직하게 썰고 분량대로 양념장을 섞어 만든다.

04 ③의 양념장에 ②의 연근을 넣고 조린다.

05 ④가 어느 정도 조려져 국물이 약간 남아 있을 때 부재료는 건져버리고 참기름, 깨소금으로 전체 양념을 하여 그릇에 담아 낸다.

재료와 분량

연근 300g(식초 1큰술, 물 2컵)

양념장
간장 4큰술, 설탕 3큰술, 물 1컵, 양파 30g, 마늘 3톨, 통후추 5알, 건고추 2개, 생강 1톨, 대파 20g

전체 양념
참기름 1/4작은술, 깨소금 1/4작은술

Tip

연근은 공기 중에 방치하면 갈변되므로 식초물에 담가 보관해야 변색을 막을 수 있다. 연근을 식초에 삶아내는 이유는 연근에 포함된 산화효소가 물에 녹아 갈변작용이 중지되기 때문이다. 또한 무, 연근 등 뿌리채소류는 찬물에서부터 삶아야 부드럽다.

콩조림

콩은 우리나라에서 처음 재배하기 시작하였으며 중국으로 전파되었다. 콩의 원산지는 만주이며 만주는 발해의 발생지로 고구려의 옛 땅이다. 중국의 옛 문헌에는 BC 7세기 초엽 공(公)이 산융(지금의 만주)을 정복하여 콩을 가져와서 이것을 융숙(戎菽)이라 하였다는 기록이 있다. 우리나라는 청동기시대부터 콩을 재배하기 시작한 것이 유물에서 나타났다.

만드는 방법

01 콩은 티를 고르고 벌레 먹은 것을 가려낸 후 씻어 찬물에 6시간 정도 담가 충분히 불었으면 소쿠리에 건져 물기를 뺀다.

02 ①의 불린 콩을 냄비에 넣고 1.5배의 물을 넣고 10여 분 끓인다.

03 ②의 콩물 1컵에 간장, 설탕 등에 나머지 양념을 통으로 넣어 콩과 함께 국물이 없어질 때까지 조린다.

04 ③의 채소는 건져내고 깨소금을 그릇에 담아낸다.

재료와 분량

불린 콩(흑태) 1컵

양념장
간장 3큰술, 설탕 2큰술, 콩물 1컵, 양파 10g, 건고추 1개, 생강 1톨, 마늘 10g

Tip

콩은 여름엔 3~4시간 겨울엔 8~12시간까지 불린다. 콩을 삶을 때에는 뚜껑을 열고 삶아야 콩이 설컹하지 않다. 또한 불린 콩물을 간장 양념 물에 섞어 조리면 다 조렸을 때 색깔이 진하여 보기에 더욱 먹음직스럽다.

장조림

『옹희잡지』에 육장법으로 '장조림법으로서'란 말이 처음 나오며 『시의전서』에 장조림법이 소개되어 있다. 조림이란 말도 이때 처음으로 나타났다. '정육을 크게 덩이로 잘라 진장에 바짝 조리면 오래 두어도 변치 않고 쪽쪽 찢어 쓰면 좋다'고 하였다.

만드는 방법

01 쇠고기는 기름기를 제거하여 물에 담가 핏물을 뺀 다음 결대로 6~7cm로 썬다.

02 끓는 물에 ①과 향미채소를 넣어 부드럽게 삶고 메추리알도 삶아 껍질을 벗긴다.

03 조림장을 혼합하여 ②의 고기를 넣고 처음에는 센 불에서 끓이다가 은근한 불로 줄여 조린다.

04 국물이 반 정도 남아 있을 때 메추리알과 꽈리고추를 넣고 맛이 배도록 조린다.

05 ④의 국물이 자작하면 고기를 건져내어 결대로 찢고 먹을 때마다 참기름을 한 방울 정도 떨어뜨려 메추리알과 고추를 접시에 함께 담아 낸다.

재료와 분량

쇠고기(홍두깨살) 200g, 물 1컵(파잎 1줄기, 마늘 5g, 생강 1/3쪽), 꽈리고추 30g, 메추리알 5개

조림장
간장 3큰술, 설탕 2큰술, 청주 1큰술, 파 1/3대, 마늘 2톨, 건고추 1개, 양파 20g, 생강 1톨, 물 1컵

전체 양념
참기름 1/8작은술, 통깨 1/4작은술

Tip

기름기가 적은 부위를 선택하여 향미채소와 함께 조린다. 처음부터 간장 양념을 하면 고기가 질겨지므로 부드럽게 삶은 후(설탕이 연육작용을 하므로 설탕물에 끓인 후) 간장을 넣고 조리하면 고기가 부드럽다. 이때 고기와 통마늘만을 넣어도 좋고 송이버섯을 함께 넣으면 고기 맛이 더욱 부드럽다.

양지머리편육

『시의전서(是議全書)』에서는 편육에 적당한 부위는 양지머리 · 사태 · 지라 · 쇠머리 · 우설 · 우낭 · 우신 · 유통 등이라고 하였다. 고기를 푹 삶아 물기를 뺀 것은 숙육(熟肉)이라 하고 얇게 저민 것은 편육(片肉) 또는 숙편이라 한다.

만드는 방법

01 양지머리는 찬물에 담가 핏물을 뺀다.

02 적당량의 물을 넣고 향신채소를 넣은 후 끓으면 고기를 넣고 30여 분간 끓인다.

03 고기가 속까지 잘 익으면 건져서 면포에 싸고 무거운 것으로 눌러놓는다.

04 간장에 나머지 양념을 섞어 초간장을 만든다.

05 눌러놓은 편육을 5×4×0.3cm의 크기로 썰어 가지런히 담고 초간장을 곁들인다.

재료와 분량

양지머리 300g, 물 3컵, 대파1/2대, 마늘 2톨, 생강 1/2쪽, 양파 50g, 통후추 10알

초간장
간장 1큰술, 식초 1/2큰술, 설탕 1/4작은술, 물 1큰술

Tip

편육용으로는 양지머리가 좋다. 편육은 익힌 후 뜨거울 때 면포에 싸서 눌러야 고기 사이사이의 지방층이 서로 잘 응고되어 붙어 있으므로 썰었을 때 떨어지지 않는다.

편육은 지방분을 많이 용출시키고 탈수시킨 음식이므로 공기 중에 오래 방치하여 두면 건조되어 맛이 없어지므로 바로 먹는 것이 좋다.

쇠고기편채

쇠고기편채는 손님 상차림이나 술안주에도 매우 좋다. 산성의 고기와 알칼리성의 다양한 채소가 어우러져 궁합이 잘 맞는 음식이다. 특히 파와 깻잎을 함께 사용함으로써 소화를 돕고 고기에 들어 있지 않은 여러 가지 영양성분을 보완할 수 있다.

만드는 방법

01 쇠고기는 지방이 적은 부위로 선택하여 얇게 포를 떠서 6×5×0.1cm로 썰고 소금, 후춧가루를 뿌린 다음 찹쌀가루를 무쳐놓는다.

02 대파는 4cm로 썰어 길게 반으로 가르고 0.1cm로 곱게 채 썰어 물에 한번 씻어 물기를 뺀다.

03 깻잎은 꼭지를 따내고 길이로 반으로 갈라 4×0.1×0.1cm로 채썬다.

04 발효된 겨자에 준비한 양념을 넣고 겨자장을 만든다.

05 ①의 고기는 열이 오른 팬에 기름을 두르고 앞뒤로 고르게 지져낸다.

06 지져낸 고기에 썰어놓은 채소를 가지런히 넣고 길게 말아 겨자장과 곁들인다.

재료와 분량

쇠고기 200g, 찹쌀가루 1/2컵, 대파 1뿌리, 깻잎 6장, 식용유 3큰술

쇠고기 양념
소금 1/4작은술, 마늘 1/4작은술, 후춧가루 1/16작은술

겨자 초간장
간장 2큰술, 식초 1큰술, 설탕 1작은술, 발효겨자 1/2작은술, 물 2큰술, 레몬즙 1큰술

Tip

기름기 없는 안심이나 우둔과 같은 부위를 선택하는 것이 좋다. 또한 고기와 채소를 가능한 얇게 썰어야 잘 말려지며 담을 때는 펼쳐서 고기 옆에 채소를 색색이 담거나, 또는 고기에 각색의 재료를 넣고 원기둥으로 말아서 접시에 담기도 한다. 특히 고기가 따뜻할 때 돌돌 말아야 풀어지지 않는다.

깻잎장아찌

깻잎장아찌는 겨울철 비타민을 공급해 주는 부식으로 유용한 밑반찬이다. 깻잎장아찌는 칼슘, 철, 인, 비타민 등과 플라보노이드(flavonoid) 성분이 다량 함유되어 있어 노화방지에도 효과적이다.

만드는 방법

01 깻잎은 깨끗이 씻어 가지런히 놓고 물기를 뺀다.

02 준비된 재료를 섞어 양념장을 만든다.

03 소금물을 만들어 끓으면 씻어둔 깻잎을 넣고 강한 불에서 5분 정도 찐다(깻잎 위에 소금물을 끼얹는다).

04 찐 깻잎 5장마다 양념장을 한번씩 발라준다.

05 깻잎 위를 무거운 것으로 눌러 이틀 동안 그대로 둔다.

06 ⑤의 양념물을 따라내서 끓여 식힌 후 깻잎 위에 붓는다.

재료와 분량

깻잎 50장(끓는 물 4컵 · 소금 1큰술)

양념장
진간장 1/2컵, 설탕 1큰술, 마늘채 1큰술, 생강채 1큰술, 밤채 1큰술, 파 채 1큰술, 실고추 1g, 통깨 1큰술

Tip

장아찌로 이용하고자 할 때에는 단으로 묶인 것을 구입하여 사용하고, 나물이나 탕에 들어가는 깻잎은 순을 이용하는 것이 좋다.

열무물김치

열무물김치는 파, 마늘, 양파 등의 부재료를 큼직하게 썰어 망에 담고 거즈에 고춧가루를 풀어 조물조물하여 국물을 만들면 맛있고 볼품 있는 물김치가 된다.

만드는 방법

01 깨끗이 다듬어 씻은 열무, 배추를 4cm 길이로 썰어 굵은 소금에 30여 분 가볍게 절인 후 씻어 체에 건진다.

02 다홍고추는 꼭지를 떼고 반으로 갈라 씨를 털고 양파, 배도 손질해서 큼직하게 썬다.

03 물 3컵에 ②와 마늘, 생강을 넣고 믹서에 곱게 간 다음 체에 거른다.

04 밀가루는 물 1/2컵으로 반죽해서 밀가루즙을 만든 다음, 물 1.5컵을 섞어 가열하여 풀을 쑤어 식혀서 체에 받친다.

05 풋고추, 대파, 미나리, 오이를 다듬어 씻은 후 큼직하게 썰어 망에 넣고 항아리 바닥에 깐다.

06 절여진 열무, 배추에 양념과 밀가루풀을 넣고 물 8컵을 섞어 국물을 만든 후 소금, 설탕으로 간을 맞춘다.

07 ⑥을 항아리에 담고 하루 정도 실온에서 익힌 다음 냉장고에 넣어 보관한다.

재료와 분량

열무 250g, 배추 250g, 굵은소금 15g, 풋고추 3개, 미나리 50g, 대파 50g, 오이 100g

김치국물
물 10컵, 소금 1/4컵, 설탕 1큰술, 밀가루 3큰술, 다홍고추 50g, 양파 50g, 배 50g, 마늘 20g, 생강 5g

Tip

김치국물이 많아야 시원한 맛이 나며 오이나 연한 배추를 섞어 담가도 좋다.
열무물김치의 풋내를 없애기 위해 밀가루 풀을 쑤어 국물에 풀어 넣으면 좋은데, 밀가루 대신 밥을 곱게 으깨어 물로 풀어 넣어도 된다. 또한 다른 김치와는 달리 다홍고추는 믹서에 굵직하게 갈아서 넣으면 풋내 제거에 좋다.

부추김치

부추는 예부터 양기를 돋우는 기양초(起陽草)로 불리며 독특한 맛성분인 알리신(allicin)은 비타민 B_1의 흡수를 돕는다. 특히 위장을 튼튼히 하고 고혈압·당뇨·빈혈·변비에 효과가 있는 강장식품으로 지역에 따라 솔 또는 정구지라고도 부른다.

만드는 방법

01 부추는 다듬어 씻은 뒤 체에 받쳐 물기를 뺀다.

02 부추의 줄기부분에 멸치액젓을 10여 분간 뿌려놓는다.

03 찹쌀가루는 동량의 물에 풀어 체에 받치고, 나머지 물을 끓이다가 섞어 찹쌀풀을 쑨 다음 식힌다.

04 절여진 부추에서 나온 물을 찹쌀풀에 넣어 나머지 양념을 섞어 양념장을 만든다.

05 부추에 준비된 양념장을 앞뒤로 발라 가면서 가볍게 버무린다.

06 부추김치를 2~3가닥씩 묶어 항아리에 차곡차곡 담는다.

재료와 분량

조선부추 200g, 멸치액젓 2큰술

양념
멸치액젓 1큰술, 고춧가루 1/2컵, 찹쌀풀 1/2컵(찹쌀가루 1/4컵, 물 1/2컵), 파 1큰술, 마늘 1큰술, 생강 1/4작은술, 설탕 1작은술, 통깨 1작은술

Tip

어린 영양부추는 샐러드에 적합하며, 호부추는 잡채에 일반적으로 이용된다. 김치에 사용되는 부추는 매콤한 맛이 나는 조선부추를 이용하며, 양념하여 너무 세게 비비면 풋내가 나므로 주의한다. 부추와 같이 황화아릴류를 함유한 식품은 양념할 때 파, 마늘 등을 많이 넣지 않아도 재료 자체가 매운맛을 가지고 있으므로 요리할 때 기준량보다 덜 넣어도 무방하다.

깍두기

김치는 16세기 들어 고추가 유입된 이후 더욱 발전하게 되었으며 조선 후기에는 다양한 김치류가 보이며 음식이 섬세해졌다. 이 시기에 서민들의 밥상은 대개 김치, 깍두기나 산채나물류가 오르는 것이 기본 상차림이었다.

만드는 방법

01 무는 손질하여 씻고 사방 2cm 크기로 깍둑썰기한 다음 굵은소금을 고루 뿌려 절였다가 체에 건져놓는다.

02 배추속대는 물에 씻은 다음 사방 2cm 길이로 썰어 가볍게 절인 후 건진다.

03 실파와 미나리는 다듬어 씻어 4cm 정도의 길이로 썰고, 마늘과 생강은 곱게 다진다.

04 새우젓은 잡티를 골라내고 건더기만 건져 곱게 다진다.

05 절여진 무와 배추는 고춧가루로 고루 버무려 갖은 양념을 하고 여기에 나머지 재료인 미나리, 실파를 섞어 살살 버무려 항아리에 담는다.

재료와 분량

무 500g, 배추속대 100g, 굵은소금 1/4컵, 미나리 30g, 실파 50g

양념
고춧가루 3큰술, 마늘 20g, 생강 1/2톨, 새우젓 1큰술, 소금 1/4작은술, 설탕 1작은술

Tip

깍둑썰기한 무에 소금을 뿌려 절이고 다 절여지면 체에 밭쳐 양념한다. 그러나 깍둑썰기한 생 무에 고춧가루를 먼저 버무린 후 양념을 하면 어느 정도 익었을 때 무에서 물이 나와 양념이 씻겨내려 색이 흐려지고 국물이 많이 생기게 된다.

백김치

배추는 칼로리가 낮으며 비타민 A, C가 풍부하고 단백질 조성도 좋다. 배추의 품종은 불결구종, 반결구종, 결구종 배추로 구분되며, 일반적으로 배추라 하면 결구배추를 말한다.

만드는 방법

01 배추는 반으로 갈라 소금물에 6~8시간(겨울에는 8~12시간) 절인 다음 씻어 물기를 뺀다.

02 무는 채썰고 미나리, 실파, 갓은 깨끗이 다듬어 씻어 3~4cm 정도로 자른다.

03 배와 밤, 대추는 손질하여 채썰고 표고버섯, 석이버섯은 불려서 손질하여 채썬다.

04 파, 마늘, 생강은 다지고 실고추는 2cm 길이로 짧게 썰어 놓는다.

05 굴은 소금물에 씻어 껍질과 잡티를 제거하고 체에 밭친다.

06 새우젓은 즙을 짜고 건지는 다진다.

07 북어육수는 소금을 넣고 간을 맞추어 준비한다.

08 준비된 ②~⑥의 재료를 고루 버무려 양념하고 ①의 배추 사이사이에 소를 넣어 속이 털리지 않도록 배추잎으로 잘 감싼 뒤 국물을 부어 익힌다.

재료와 분량

배추 1포기(소금 1컵, 물 5컵), 무 100g, 미나리 50g, 실파 30g, 갓 30g, 밤 5개, 배 100g, 대추 10g, 표고버섯 3장, 석이버섯 3장, 실고추 3g

양념
마늘 1통, 파 40g, 생강 1톨, 굴 100g, 새우젓 3큰술, 설탕 1/2작은술, 북어 육수 2컵, 소금 1/2작은술

Tip

백김치를 담글 때 북어 머리와 향미채소를 이용하여 육수를 끓여 식혀서 국물을 만들어 부으면 시원한 맛이 난다. 북어 대신 멸치를 이용해도 좋다. 또한 배추는 15~20%의 소금물에 절이면 좋다.

통배추김치

김치는 혜(醯), 저(菹), 지(漬), 지염(漬塩), 침채(沈菜), 딤채, 짐채, 김채의 이름으로 불리며 발전해 왔다. 삼국시대에 소금에 절이는 방법인 장아찌류에서 시작하여 고려시대 침채류로 발달하게 된다. 16C 고추가 유입된 이후 고추와 양념이 혼합된 김치담금법으로 커다란 변화를 가져왔다. 통배추가 처음 기록된 것은 1800년대 말 『시의전서』이며 다양한 담금법이 소개되어 있다.

만드는 방법

01 배추는 밑동을 다듬고 반으로 쪼개 소금물에 6~8시간(겨울 8~10시간) 절인 다음 씻어 물기를 뺀다.

02 쌀가루에 적량의 물을 넣고 풀을 쑤어 식힌다.

03 무는 5cm로 굵게 채썰고 낙지는 손질하여 잘게 썬다.

04 실파, 갓, 미나리는 손질하여 4cm 길이로 썰어 준비한다.

05 마늘, 양파, 생강은 물을 넣고 믹서에 갈아놓는다.

06 새우젓을 다지고 멸치젓과 함께 고춧가루를 풀어놓는다.

07 ②, ⑤, ⑥을 섞고 설탕, 소금으로 간을 맞춘다.

08 ⑦로 ③을 버무리고 마지막에 ④를 넣어 속재료를 완성한다.

09 절여진 배추 사이사이에 김치속 양념을 넣고 배추잎으로 싼다.

10 남은 양념에 물 1/2컵을 넣고 소금으로 간을 하여 국물을 붓는다.

재료와 분량

배추 1포기(2kg, 소금 1컵, 물 5컵)

속 양념
무 100g, 실파 30g, 갓 20g, 미나리 30g, 마늘 1통, 양파 30g, 생강 1톨, 고춧가루 1컵, 새우젓 1/4컵, 멸치젓 1/4컵, 꽃소금 1/2작은술, 설탕 1큰술, 찹쌀풀 1/2컵(물 1/2컵·찹쌀가루 1/4컵)

국물 양념
물 1/2컵, 소금 1작은술

Tip

김치가 제일 맛있는 시기는 10℃에서 2주 정도 지났을 때이다. 오래 보관하려면 산 발효가 정지되는 저온에서 보관해야 하며, 이때는 비타민 C가 가장 많을 때이며 비타민 B군은 채소에 비교적 많이 들어 있지는 않지만, 김치 속의 비타민 B군은 김치를 담은 지 3주 정도 되면 가장 많아진다. 김치를 보관하는 가장 좋은 온도는 영하 4℃~영상 3℃이지만 대개 영상 5~7℃ 사이라면 별문제가 없다.

고추장 담기

고추는 『훈몽자회』(1527)에서 '당초'라는 이름으로 불리었고 조선 전기 17세기경 『지봉유설』(1613)에서는 '남만후추'라 이름하였다. 조선 후기 18세기경 고춧가루의 등장은 고추장이라는 새로운 저장식품을 만들어냈다.

만드는 방법

01 엿기름을 따뜻한 물 5컵에 비벼 씻어(2~3회) 체에 거른다.

02 체에 거른 엿기름에 나머지 물을 붓고 다시 체에 거르고 건지는 꼭 짜서 버리고 하루 동안 두어 앙금이 가라앉으면 윗물만 쓴다.

03 소금 간을 하지 않은 찹쌀가루를 체에 쳐서 ②의 엿기름 윗물 12컵을 부어 섞고 1시간 정도 삭힌다.

04 ③을 중간불에서 엿기름 12컵이 9컵이 될 때까지 1시간 정도 끓인다. [처음에는 눋지 않게 계속 저어주고(찹쌀가루가 물처럼 되므로) 나중에는 가끔씩 젓는다]

05 ④에 물엿을 3~4회에 걸쳐 나누어 넣으면서 끓이고 불을 끈다.

06 ⑤를 식힌 후 메줏가루, 고춧가루, 소금을 넣고 젓는다(더운 날일수록 소금 양을 많이 넣는다).

07 ⑥을 항아리에 담고 윗소금을 뿌린 뒤 볕을 쏘인다.

재료와 분량

엿기름 2컵, 물 15컵(엿기름물 12컵), 찹쌀가루 5컵, 고춧가루 3컵, 메줏가루 2컵, 꽃소금 1컵, 물엿 1컵

Tip

찹쌀을 가루로 내고자 할 때에는 하루 정도 충분히 불려야 좋다. 고추장은 정월에서 3월 사이에 담그며, 고춧가루와 메줏가루 등의 가루가 수분(엿기름물)에 의해 시간이 지나면서 풀어져 점점 되직하게 되므로 고추장을 담글 때 약간 묽은 듯하게 쑤어야 좋다. 농도는 나무주걱을 꽂았을 때 주걱이 바로 세워지면 되게 쑤어진 것이므로 이때는 엿기름물을 더 넣어 농도를 조절한다.

제2장 향토음식

편수

『규합총서』에는 편수를 가리켜 변시만두라 하였고, 『동국세시기』에는 '밀가루로 세모의 모양으로 만든 만두를 卞(성→변)씨만두라 하는데, 변씨가 처음 만들었기 때문에 그런 명칭이 생겼을 것이다'라고 하였다. 『시의전서』와 『명물기략』에서 편수는 '밀가루를 네모반듯하게 베어 네모나게 만드는 것이다'라고 하였다.

만드는 방법

01 밀가루는 소금물로 반죽해 비닐봉지에 싸놓는다.

02 오이, 호박은 3×0.1×0.1cm로 채썬 다음 소금에 살짝 절여 물기를 꼭 짠다.

03 건표고버섯은 따뜻한 물에 담가 기둥을 떼고 3×0.1×0.1cm로 채썬다.

04 고기는 다져서 갖은 양념한다.

05 ②~④를 각각 볶아 식혀 양념하여 소를 만든다.

06 ①의 반죽을 0.1cm의 두께로 얇게 밀어 8×8cm 크기의 만두피를 만든다.

07 ⑥의 만두피에 ⑤의 소와 실백을 놓고 네 귀를 한데 모아 마주 붙여서 네모나게 빚는다.

08 김이 오른 찜통에 젖은 행주를 깔고 만두를 넣어 센 불에서 3~5분간 찐다.

09 달걀은 황·백으로 나누어 지단을 도톰하게 부쳐서 사방 2cm의 완자형으로 썬다.

10 ⑧을 그릇에 담고 찬 육수를 부은 후 지단과 잣을 올리고 초간장을 곁들인다.

재료와 분량

밀가루 1컵(소금 1/4작은술, 물 3큰술), 애호박 80g(소금 1/4작은술), 오이 100g (소금 1/2작은술), 건표고버섯 2장, 쇠고기 50g, 식용유 1큰술, 달걀 1개, 실백 1큰술, 육수 3컵

쇠고기 양념
간장 1/2작은술, 설탕 1/4작은술, 파 1/2작은술, 마늘 1/4작은술, 참기름 1/4작은술, 후춧가루 1/16작은술

전체 양념
소금 1/4작은술, 마늘 1/2작은술, 깨소금 1/4작은술, 참기름 1/8작은술

초간장
간장 2큰술, 식초 1큰술, 설탕 1/2작은술

Tip

밀가루 반죽을 하여 바로 만두피를 만드는 것보다는 비닐봉투나 랩에 10~20분 정도 싸놓으면 시간이 지나면서 가루가 수분에 의해 수화되므로 반죽상태가 말랑해져 훨씬 더 밀기가 좋다. 물 위에 조각이 떠 있다는 데서 이름 붙여진 편수는 만두를 냉국에 띄운 것이다.

갈비구이

갈비는 갈비뼈를 덮고 있는 지방과 심줄을 제거하고 살은 칼집을 넣어 양념을 한다. 갈비, 갈비마구리, 안창살, 토시살, 제비추리로 구성되어 있다.

만드는 방법

01 6~7cm 길이의 갈비는 기름기를 제거한다.

02 갈비뼈의 한쪽 면에 길이로 칼집을 넣어 껍질을 벗기고 한쪽 면에 고기가 붙어 있게 한다.

03 ②의 고기를 앞뒤로 번갈아가며 포를 떠서 0.7cm 간격의 칼집을 준다.

04 양파, 배는 믹서에 갈아 나머지 양념과 섞어 양념장을 만든다.

05 ③의 갈비에 양념을 고르게 무쳐 재운다.

06 석쇠를 뜨겁게 하여 갈비를 놓고 한 면이 거의 익었을 때 뒤집어 다른 한 면을 굽는다.

07 한입 크기로 갈비를 썰고 접시에 가지런히 담아 잣가루를 뿌린다.

재료와 분량

갈비 400g, 잣가루 1작은술

양념장
간장 3큰술, 설탕 2큰술, 파 2큰술, 마늘 1작은술, 깨소금 2작은술, 참기름 1작은술, 후춧가루 1/6작은술, 양파 10g, 배 10g, 물 1컵

Tip

숯불구이는 복사열을 이용하는 것으로 칼륨은 고기의 지방산을 중화시켜 구수한 단맛을 증가시킨다. 또한 빠른 열 전달은 표면의 지방을 용해시키며 단백질을 쉽게 응고시켜 고기 표면에 막을 형성하므로 영양과 맛 성분을 증가시킨다.

갈비찜

쇠갈비는 살과 힘줄 조직이 층을 이루고 있어 연하지는 않지만 잘게 칼집을 넣어 갖은 양념에 재워 구운 요리로 우리 민족 고유의 음식이다.

만드는 방법

01 쇠갈비는 기름기를 제거하고 찬물에 담가 핏물을 뺀다.

02 끓는 물에 갈비를 넣어 무르게 삶아내고 무를 덩어리째 넣어 반 정도 익었을 때 꺼낸다.

03 준비된 재료로 양념장을 만들어놓는다.

04 ②의 무와 당근은 밤톨 크기로 썰고, 표고버섯, 생률은 손질하여 놓는다.

05 은행은 달구어진 번철에 기름을 두르고 파랗게 익으면 약간의 소금을 넣고 비벼 껍질을 벗긴다.

06 달걀은 황·백 지단을 부쳐 완자형으로 썰고 대추는 가볍게 씻어 돌려깎기하여 씨를 빼고 2~3등분한다.

07 삶아낸 갈비에 ④의 부재료와 섞어 ③의 양념장을 붓고 끓인다.

08 ⑦이 어느 정도 맛이 들면 그릇에 담고 은행과 지단을 올린다.

재료와 분량

쇠갈비 300g, 무 100g, 당근 30g, 건표고버섯 3개, 생률 3개, 달걀 1개, 은행 5알, 대추 2개

양념장
간장 4큰술, 설탕 3큰술, 파 1큰술, 마늘 1작은술, 깨소금 1작은술, 참기름 1작은술, 물 1.5컵, 후춧가루 1/16작은술

Tip

덩어리 고기는 찬물에 담가 핏물을 빼고 조리하면 잡냄새 제거뿐 아니라 조리 후에도 양념한 색이 맛있어 보인다. 갈비찜을 조리할 때 처음에는 센 불에서 끓이다가 뚜껑을 열고 중불에서 은근히 끓이면서 수분을 증발시키면 맛이 고르게 밸 뿐 아니라 윤기가 난다.

무나물

디아스타아제(diastase)는 무에 들어 있는 전분분해효소로서 생식하면 소화를 도와준다. 무국을 끓일 때는 먼저 볶아주어야 황화아릴류가 휘발되어 특유의 떫은맛이 없어진다.

만드는 방법

01 무는 껍질을 벗겨 5×0.3×0.3cm의 길이로 채썬다.

02 파, 마늘, 생강은 곱게 다지고 실고추는 3cm 정도의 길이로 자른다.

03 열이 오른 냄비에 참기름을 두르고 무채를 볶는다.

04 무가 어느 정도 익어서 숨이 죽으면 양념을 넣어 고루 섞고, 물 3큰술을 넣어 뚜껑을 덮고 약한 불로 익힌다.

05 국물이 약간 남을 정도가 되면 깨소금과 참기름을 넣어 전체 양념을 하고 실고추를 얹어 그릇에 담는다.

재료와 분량

무 100g, 실고추 1g, 물 3큰술

양념
참기름 1작은술, 소금 1/4작은술, 파 1작은술, 마늘 1/2작은술, 생강 1/8작은술

전체 양념
참기름 1/4작은술, 깨소금 1/2작은술

Tip

봄무나 여름무는 가늘고 매운 반면, 가을무는 굵고 수분이 많으며 단맛도 있다. 모양이 좋고 색깔이 희며 싱싱한 무청이 달린 것이 좋다. 무는 부위별로 맛이 다르므로 용도에 맞게 사용해야 한다. 잎사귀에 가까운 부위는 매운맛이 적고, 가운데 부분은 단맛이 있어 무조림, 숙채, 생채 등에 이용하며, 끝부분은 매운맛이 강하므로 김치, 깍두기에 이용한다.

구절판

구절판은 궁중식과 민간식으로 크게 구분되고, 또 진(젖은) 구절판과 건(마른) 구절판의 2가지로 나눈다. 구절판은 요리를 담는 기명(器皿)을 말하기도 하는데, 둘레에 8개의 칸과 가운데 1개의 칸으로 모두 9가지를 담을 수 있게 되어 있는 목기로, 대개 나전칠기로 만들어져 미술공예품으로도 귀하게 여긴다.

만드는 방법

01 쇠고기는 가늘게 채썰어 고기 양념장으로 양념한다.

02 표고는 불렸다가 기둥은 떼어내고 가늘게 채썰어 간장, 참기름을 넣고 무친다.

03 오이는 4cm로 썰어 돌려깎기하여 4×0.1×0.1cm로 곱게 채썬다.

04 당근도 4×0.1×0.1cm로 곱게 채썰어 놓는다.

05 석이버섯은 따뜻한 물에 담가 손질하여 채썰고 참기름, 간장으로 무친다.

06 숙주는 거두절미하여 소금물에 살짝 데쳐 참기름과 소금으로 무친다.

07 달걀은 황·백으로 나누어 소금을 조금 넣고 풀어 얇게 부쳐서 가늘게 채썬다.

08 위의 재료를 각각 볶아 식힌다.

09 밀가루에 소금을 넣고 체에 친 다음 물을 넣어 묽게 풀어서 구절판 가운데 그릇 크기에 맞게 밀전병을 둥글고 얇게 부쳐 식혀서 담는다.

10 준비한 재료를 색이 조화되게 구절판에 담는다.

재료와 분량

쇠고기(우둔) 100g, 건표고버섯 5개, 오이 150g, 당근 80g, 숙주 100g, 달걀 3개

쇠고기 양념
간장 1작은술, 설탕 1/2작은술, 파 1작은술, 마늘 1/2작은술, 깨소금 1작은술, 참기름 1/2작은술, 후춧가루 1/16작은술

밀전병
밀가루 1컵, 소금 1/3작은술, 물 11/4컵

겨자즙
간장 2큰술, 식초 1큰술, 설탕 1/2작은술, 물 1큰술, 발효겨자 1/2작은술

Tip

구절판은 대표적인 전채요리로 담백한 맛을 내야 한다. 채소를 볶을 때는 팬을 뜨겁게 달군 뒤 기름을 조금만 넣고 센 불에서 재빨리 볶아내는 것이 담백한 맛의 비결이다. 특히 당근을 볶을 때 기름을 너무 많이 넣을 경우, 지용성인 당근색이 기름에 우러나와 당근 자체의 붉은색이 엷어져 보기에 좋지 않으므로 이때는 약간의 기름만 두르고 물을 한두 방울 넣고 볶는다.

어채

『규합총서』, 『고대 규합총서』, 『시의전서』 등 많은 요리서에 '어채'가 거론된다. 채소와 여러 가지 어·육류가 들어감으로써 일종의 '잡숙채'라 하겠는데, 생선이 주재료가 되기 때문에 숙회의 일종으로 '어채(漁菜)'라 한다. 우리나라 문헌으로는 『동국세시기』, 『진연의궤』에 나와 있다.

만드는 방법

01 민어를 약 0.7cm 정도로 도톰하게 포를 떠서 6×1cm 크기로 썰어 소금과 후춧가루를 뿌린다.

02 다홍고추, 오이, 표고버섯은 손질하여 4×1×0.5cm로 썰어 놓는다.

03 석이버섯은 따뜻한 물에 불려 비벼 씻어 뒷면의 이끼와 돌을 따내고 큰 것은 떼어놓는다.

04 달걀을 풀어 황·백 지단을 도톰하게 부쳐 다홍고추와 같은 크기로 썬다.

05 ①~③의 재료에 녹말가루를 묻혀 녹말가루가 수분을 완전히 흡수하도록 둔다.

06 끓는 물에 ⑤의 생선을 먼저 넣고 생선이 뜨면 건져 찬물에 헹구어 식히고 나머지 재료도 같은 방법으로 2~3회 끓는 물에 튀해낸다.

07 접시에 어채를 돌려 담고 오색의 고명을 색색이 맞추어 얹은 후 가운데 잣을 올린다.

08 초고추장을 곁들인다.

재료와 분량

민어살 200g, 다홍고추 1개, 오이 1/2개, 표고버섯 2장, 석이버섯 2장, 달걀 1개, 녹말가루 1/3컵, 잣 1작은술

초고추장
고추장 1큰술, 식초 1큰술, 설탕 2작은술, 생강즙 1/4작은술, 레몬즙 1큰술

Tip

끓는 물에 생선을 한꺼번에 많이 넣으면 온도가 갑자기 내려가서 속까지 잘 익지 않으므로 주의한다. 전분을 묻힌 후 수분을 충분히 흡수한 후에 익혀야 고르게 잘 익으며 2~3번 반복하면 더욱 부드럽다. 또한 채소의 색깔이 변하지 않도록 한다.

장김치

장(醬)김치는 대체로 병과류와 함께 먹는 물김치로, 주로 외무리를 쓰고 있다. 빨리 익기 때문에 오래 두고 먹기가 어렵다.

만드는 방법

01 무는 3×2.5×0.2cm로 썰어 간장으로 절인다.

02 배추도 무와 같은 크기로 나박나박 썰어놓고 무가 어느 정도 절여진 후 배추를 함께 넣어 절인다.

03 파, 마늘, 생강은 3×0.1cm로 곱게 채썰고 미나리, 표고버섯, 석이버섯은 손질하여 3cm로 짧게 채썬다.

04 배는 무크기로 썰고, 밤은 편썰기하며 잣은 고깔을 뗀다.

05 대추는 돌려깎기하여 씨를 빼고 채썬다.

06 절인 김칫거리는 국물을 따르고, 나머지 재료를 섞어놓는다.

07 ⑥의 국물에 물을 섞어 간을 맞추고, 섞은 재료에 국물을 부어 그릇에 담아내고 실고추와 석이버섯, 대추채, 잣을 올린다.

재료와 분량

무 50g, 배추 80g, 갓 20g, 미나리 10g(1줄기), 파 10g(1줄기), 건표고버섯 1개, 석이버섯 1장, 대추 1개, 생강 3g, 마늘 5g, 배 1/8개, 실고추 1줄기, 밤 20g, 잣 1작은술, 간장 2큰술, 물 1컵, 설탕 1작은술

Tip

장김치의 국물 색은 간장으로 내는데, 처음 담았을 때 내고자 하는 색보다 진해야 한다. 무, 배추가 익으면서 수분이 나와 색이 흐려지기 때문이다. 또한 배추나 무는 너무 오랫동안 절여지지 않도록 주의한다.

흑임자죽

검은깨는 항산화작용이 뛰어나 피부노화 방지효능이 있으며, 흑임자라고도 한다. 섬유질과 칼슘성분이 많아 일반 흰깨에 비해 두 배 이상의 효능을 갖는다. 또한 검은깨에는 비타민 E가 다량 함유되어 있어 세포 노화를 방지한다.

만드는 방법

01 흑임자는 씻어 일어서 물기를 빼고 볶는다.

02 깨에 물 1컵을 넣어 곱게 갈고 체에 밭쳐 찌꺼기는 버린다.

03 불린 쌀은 물 2컵과 함께 믹서에 넣어 최대한 곱게 갈아 체에 밭친다.

04 깨를 간 물에 남은 물 2컵을 섞어 끓이다가 끓기 시작하면 갈아놓은 쌀물을 조금씩 부어가며 멍울이 지지 않도록 저으면서 끓인다.

05 죽에 소금 또는 설탕이나 꿀을 넣어 간을 맞추거나 곁들여 낸다.

재료와 분량

흑임자 1/2컵, 불린 쌀 1컵, 물 5컵, 소금 1.5작은술, 꿀 1작은술

Tip

흑색 식품은 예로부터 기운을 북돋우는 스태미나 식품으로 알려져 왔다. 검은 소, 흑염소, 오골계, 흑임자, 검은콩 등이 여기에 속한다.

아욱토장국

예부터 계절이 바뀌거나 기력이 떨어질 때 기운을 되찾게 해주는 음식으로 구수한 아욱국이 많이 애용되었다. 아욱은 채소 중에서 영양가가 상당히 뛰어나서 시금치보다 단백질은 거의 2배, 지방은 3배나 더 들어 있으며, 특히 어린이들의 성장 발육에 필요한 무기질과 칼슘도 시금치보다 2배는 더 많다.

만드는 방법

01 아욱은 줄기와 껍질을 벗긴 후 깨끗이 주물러 씻는다.

02 새우 살은 잡티를 제거하여 엷은 소금물에 씻는다.

03 쌀뜨물에 된장과 고추장을 풀어 걸러놓는다.

04 ③에 ①을 넣고 끓이다가 ②와 나머지 양념을 넣어 끓여 그릇에 담아 낸다.

재료와 분량

아욱 200g, 새우살 100g

국물
된장 2큰술, 고추장 2작은술, 쌀뜨물 5컵, 파 2작은술, 마늘 1작은술, 소금 1/6작은술, 후춧가루 1/16작은술

Tip

아욱은 다른 채소와는 달리 줄기와 잎을 손질하여 손으로 치대서 여러 번 헹구어야 풋내가 없어지고 부드럽다. 된장은 쌀뜨물에 끓여야 맛이 좋다. 쌀뜨물은 쌀을 씻어내고 2~3번째 물을 말하며 여기에 된장을 풀어 채소와 함께 끓이면 된장의 구수한 맛이 더욱 좋다.

녹두부침

김치, 불고기와 더불어 우리나라의 3대 기호음식의 하나로 꼽히는 빈대떡의
어원은 빈자떡이다. 본래는 제사상이나 교자상에 기름에 지진 고기를 괴는
음식으로 쓰던 것이 이제는 하나의 독립된 음식이 되었으며, 특히 크고 두툼
한 평안도의 녹두빈대떡은 명물로 꼽힌다.

만드는 방법

01 탄 녹두는 따뜻한 물에 4~5시간 불려 껍질을 벗긴 다음 물
    에 곱게 갈아놓고, 불린 쌀도 곱게 갈아 섞어 양념한다.

02 쇠고기는 채썰어 양념한다.

03 숙주는 머리와 꼬리를 다듬고 삶아 굵직하게 썰고 소금 간
    하여 물기를 짠다.

04 김치는 송송 썰어 참기름, 깨소금으로 무치고 속재료를 모
    두 섞어 양념한다.

05 다홍고추는 곱게 동글동글 썰어 물에 헹구어 씨를 제거하
    고, 파는 어슷하게 썬다.

06 팬을 달구어 기름을 넉넉히 두르고, 녹두 간 물을 한 국자
    떠놓는다.

07 그 위에 준비된 속재료를 얹고 녹두반죽을 조금 바르듯이
    하고 파와 다홍고추를 고명으로 올린다.

08 ⑦을 그릇에 담고 초간장과 함께 낸다.

재료와 분량

불린 녹두 2컵(물 1컵), 불린 쌀 1/4컵(물
1/4컵, 소금 1작은술), 쇠고기 100g, 숙주
50g, 김치 100g, 다홍고추 2개, 대파 1뿌
리, 식용유 1/2 컵

쇠고기 양념
소금 1/3작은술, 다진 파 1큰술, 다진 마
늘 1작은술, 후춧가루 1/16작은술, 참기
름 1작은술, 깨소금 2작은술

초간장
간장 2큰술, 식초 1큰술, 설탕 1/2작은술

Tip
녹두 간 물에 미리 간을 하여 놓으면 삭아버리므로 가능하면 양념을 하지 않은 상태에서 채소류와 녹두 간 물을 따로 보
관하였다가 사용할 때 바로 양념하여 쓰는 편이 좋다. 또한 다른 채소류 전유어보다 기름을 넉넉히 넣고 지져야 맛이 좋
다.

낙지호롱

문어과의 해산물중 문어보다 오히려 낙지의 타우린성분이 34%로 더 높다. 낙지가 바다생물 가운데서 대표적인 스태미너 식품으로 꼽히는 이유가 바로 이 타우린 때문이다.

말린 오징어 표면에 생기는 흰 가루가 타우린이라는 성분인데, 타우린은 혈액 속의 콜레스테롤을 낮추며 중성지방을 줄여 혈압을 정상적으로 유지시키고 당뇨병을 예방하는 강장제이다.

만드는 방법

01 낙지는 머리를 뒤집어서 몸통과 분리되지 않게 내장과 먹물을 제거해 소금으로 주물러 씻고 밑간한다.

02 ①의 낙지는 나무젓가락에 머리를 끼우고 다리를 감아 말아서 끝이 풀리지 않도록 고정시킨다.

03 준비된 양념으로 양념장을 만든다

04 열이 오른 팬에 기름을 두르고 ②의 낙지를 지지듯이 굽는다.

05 ④에 ③의 양념장을 발라가며 굽는다.

06 ⑤의 한쪽을 길게 칼집을 주고 접시에 보기 좋게 담는다.

재료와 분량

낙지 3마리(작은 것), 소금 1큰술

밑간
참기름 1작은술, 마늘 1/2작은술, 나무젓가락 3개

양념장
고추장 4큰술, 고춧가루 2작은술, 간장 1/2작은술, 파 1큰술, 마늘 2작은술, 설탕 1큰술, 물엿 1큰술, 생강 1/4작은술, 참기름 1/2작은술, 깨소금 1작은술, 청주 1큰술, 후춧가루 1/16작은술

Tip

낙지를 말아 유장 처리한 후 찜통에 찌거나 열이 오른 팬에서 1차 구워낸 후 양념장을 발라 구워야 속까지 고루 잘 익고 양념도 타지 않는다.

낙지볶음

낙지를 손질할 때, 다리의 빨판에 뻘이나 이물질이 제거되도록 거품이 없어질 때까지 소금이나 밀가루로 비벼 씻어야 비린내도 덜 나고 깨끗하다.

만드는 방법

01 낙지는 머리를 뒤집어 먹물을 제거한 후, 소금으로 깨끗이 주물러 씻고 6cm 정도의 길이로 잘라놓는다.

02 양송이는 겉껍질을 벗기고 큰 것은 반으로 갈라 살짝 데치고, 죽순은 4×1.5cm로 썬다.

03 양파는 1cm 두께로 굵게 채썰고 실파는 4cm 길이로 자른다.

04 풋고추는 반을 갈라 씨를 빼고 길이 4×0.3cm 정도로 어슷하게 썬다.

05 준비된 재료로 양념장을 만든 다음 손질한 낙지를 버무린다.

06 열이 오른 팬에 양파를 넣고 볶다가 실파를 제외한 나머지 재료와 낙지를 넣고 재빨리 볶아낸다.

07 낙지가 어느 정도 익으면 실파를 넣고 뒤적이듯이 볶아낸 다음 접시에 담아낸다.

재료와 분량

낙지 2마리, 양파 1개, 양송이버섯 100g, 죽순 50g, 실파 6뿌리, 풋고추 3개

양념장
고춧가루 1큰술, 고추장 3큰술, 마늘 1작은술, 파 2작은술, 설탕 1작은술, 참기름 1작은술, 후춧가루 1/16작은술, 깨소금 2작은술, 청주 1큰술, 간장 1작은술, 물엿 1큰술

Tip

볶음요리는 생강, 파, 마늘을 적절히 이용하며 센 불에서 단시간에 볶아야 물이 덜 생긴다. 또한 색이 밝은 것부터 볶으며 참기름은 재료를 볶은 후 제일 마지막에 넣어야 향이 유지된다. 낙지볶음을 대량으로 요리할 때에는 물이 많이 생긴다. 이때 낙지를 미리 볶거나 살짝 데쳐서 요리하면 낙지의 양념이 수분에 의해 씻기는 것을 다소 예방할 수 있다.

머위나물

머위는 습기가 있는 곳에서 잘 자란다. 봄부터 가을까지 채취하는 나물로 꽃봉우리에서 잎, 줄기까지 모두 식용한다. 머위는 비타민이 고루 들어 있는 나물로 칼슘이 많은 알칼리성 식품이다. 줄기보다 잎에 영양성분이 더 많으며 잎에는 베타카로틴을 비롯한 비타민이 비교적 골고루 들어 있다.

만드는 방법

01 머위줄기에 소금을 뿌리고 문질러 씻은 다음, 끓는 물에 삶아서 찬물에 하룻밤 담가둔다. 다음날 건져서 물기를 빼고 끝을 조금씩 자르면서 겉껍질을 벗겨 5~6cm로 썬다.

02 깐 새우살은 잡티를 제거하고 씻는다.

03 다홍고추는 4×0.1×0.1cm로 채썬다.

04 찹쌀가루에 6큰술의 물을 섞어 고르게 풀고, 다시 들깨가루를 섞는다.

05 ②의 새우를 볶아 놓고 ①의 머위를 갖은 양념하여 ③을 넣어 함께 볶아 섞는다.

06 ⑤가 뜨거울 때 ④를 넣어 밑이 눋지 않도록 젓다가 서로 엉키면서 반투명색이 되면 불을 끄고 참기름, 깨소금을 넣는다.

재료와 분량

삶은 머위줄기 200g, 깐 새우살 100g, 다홍고추 1/2개, 찹쌀가루 2큰술, 물 6큰술, 들깨가루 1큰술, 식용유 1/2작은술

전체 양념
소금 1/2작은술, 파 1/2작은술, 마늘 1/4작은술, 참기름 1/2작은술, 깨소금 1/4작은술

Tip

머위는 지방에 따라 머우 · 머구 등으로도 불린다. 쓴맛이 강하기 때문에 삶아서 물에 담갔다가 껍질을 벗겨 사용해야 한다. 삶을 때 줄기의 색이 변하지 않게 하고 쓴맛이 제거되도록 쌀뜨물이나 1% 정도의 소금물에 삶는 것이 좋다.

죽순채

죽순은 지하경에서 돋아나오는 어린싹을 식용하며 단백질과 비타민 B_1, B_2, 무기질이 풍부하다. 또한 섬유질이 많이 함유되어 있어 다이어트 식품으로 좋다. 죽순에는 옥살산, 호모겐티신산(homogentisinic acid) 등이 있어 좋지 않은 맛을 주는데, 그러한 잡맛을 제거하기 위해 쌀뜨물을 이용하는 것이 가장 좋다.

만드는 방법

01 죽순은 흰 석회가 떨어지도록 잘 씻어 빗살 모양으로 썰어 끓는 물에 데친 다음 소금 간을 약간 해서 살짝 볶는다.

02 쇠고기는 곱게 채썰어 양념하여 볶는다.

03 미나리는 끓는 물에 소금을 약간 넣고 데쳐서 짧게 썰고 숙주는 머리와 꼬리를 떼고 데쳐낸다.

04 준비한 재료들을 합하여 초장양념으로 무친다.

재료와 분량

죽순 100g, 미나리 50g, 쇠고기 50g, 숙주 50g

쇠고기 양념
간장 1/2큰술, 설탕 1작은술, 파 1작은술, 마늘 1/2작은술, 깨소금 1작은술, 참기름 1작은술, 후춧가루 1/16작은술

초장
간장 1큰술, 식초 1큰술, 설탕 1작은술, 깨소금 1작은술, 파 2작은술, 마늘 1작은술

Tip

봄철 생죽순을 구입하여 쌀뜨물이나 밀가루(또는 쌀겨)를 넣고 2시간 정도 삶아 무르게 한 다음 껍질을 벗겨 용도에 맞게 사용한다. 이렇게 손질한 생 죽순에 물을 부어 밀봉한 후 냉동시키면 사계절 내내 싱싱하게 먹을 수 있다. 죽순회로 이용하거나 말려서 죽순나물로 쓰기도 한다.

파래 김 무침

파래는 해태(海苔)라고도 하며 바다의 암초에 이끼처럼 붙어서 자란다. 영양소로 비타민 A가 다량으로 포함되어 있을 뿐 아니라 비타민 B_1, 리보플라빈, 나이아신도 상당량 들어 있다. 칼슘과 철분이 많이 들어 있으며 대장의 연동운동을 돕는 식물성 섬유질이 풍부하게 함유되어 있어 배변을 원활하게 하는 효과가 있다.

만드는 방법

01 마른 파래는 잡티를 골라낸 다음 잘게 떼어놓는다.

02 대파는 다듬어 당근과 함께 3×0.1×0.1cm로 곱게 채썬다.

03 냄비에 준비된 양념을 섞어 센 불에서 끓이다가 끓기 시작하면 중불에서 1~2분 정도 더 끓인 다음 건지를 체에 걸러낸다.

04 볼에 ①을 담은 후 ②를 올리고 ③의 뜨거운 국물을 부어 양념이 고루 섞이도록 뒤적인다.

05 ④에 식초, 깨소금, 참기름을 넣어 양념한다.

재료와 분량

마른 파래 30g, 당근 10g, 대파채 1큰술

양념장
간장 2큰술, 물 10큰술, 설탕 2작은술, 통마늘 2톨, 대파 10g, 양파 10g

전체 양념
식초 2작은술, 깨소금 1작은술, 참기름 1/2작은술

Tip

양념장이 뜨거울 때 파래를 무치면 입안에서의 느낌이 부드럽다. 오래되어 색깔이 변색된 김도 이러한 방법을 이용하면 좋으며, 부재료는 달래 등 계절채소를 이용하면 더욱 효과적이다. 식초는 기호에 따라 생략하기도 하며, 고춧가루를 넣기도 한다.

추어탕

『음식디미방』에서는 "고기장국을 끓이다가 고추장으로 간을 맞추고 찬 두부를 통으로 넣고 미꾸라지를 넣으면 뜨거워 두부 속으로 다 기어들어간다. 생강과 풋고추를 넣고 계속 끓이다가 밀가루를 풀어 넣는다"고 쓰여 있다. 추탕이라고도 한다.

만드는 방법

01 오목한 그릇에 살아서 꿈틀거리는 미꾸라지를 담고 호박잎을 떼어 넣은 다음 소금을 넣고 얼른 뚜껑을 덮어 해감을 제거하고 깨끗이 씻는다.

02 냄비에 물을 붓고 끓으면 미꾸라지를 넣어 뼈가 흐물흐물해질 때까지 끓여(20여 분) 식히고 믹서에 넣어 곱게 간 다음 체에 밭친다.

03 끓는 물에 소금을 넣고 얼갈이배추를 살짝 데쳐 씻은 후 물기를 짜고 6~7cm 길이로 썰고 풋고추, 다홍고추는 송송 썬다.

04 느타리버섯은 굵직하게 찢어놓고, 대파와 깻잎, 부추는 다듬어 씻어 6~7cm 길이로 썬다.

05 ③의 얼갈이배추에 된장, 고춧가루, 파, 마늘을 넣고 무친다.

06 곱게 갈아놓은 미꾸라지 국물에 ⑤의 배추를 넣고 끓이다가 느타리를 마저 넣고 끓인다.

07 ⑥에 다진 고추와 깻잎, 부추 등의 재료와 들깨 등 나머지 양념을 넣고 끓여 맛을 낸다.

08 마지막에 산초가루를 넣고 완전히 끓으면 거품을 걷어낸다.

재료와 분량

미꾸라지 200g(호박잎 2장, 소금 1큰술), 얼갈이배추 100g, 느타리버섯 100g, 대파 1뿌리, 깻잎순 30g, 부추 20g, 풋고추 2개, 다홍고추 1개, 들깨가루 1큰술, 물 4컵

양념장
된장 1큰술, 고춧가루 1큰술, 마늘 2작은술, 생강 1/2작은술, 후춧가루 1/16작은술, 산초가루 1작은술, 소금 1/4작은술

Tip

미꾸라지는 반드시 살아 있는 것을 구입하며 호박잎과 소금을 미꾸라지와 함께 넣으면 호박잎의 거칠거칠한 표면에 미꾸라지의 해감이 묻어나기 때문에 쉽게 손질할 수 있다. 투명비닐봉지 안에 산 미꾸라지를 넣은 후 소금과 호박잎을 넣고 입구를 막으면 해감이 제거되는 것을 볼 수 있어 좋다. 또한 산초는 상쾌한 향이 있어 미꾸라지의 비린내를 제거하는 데 좋은 향신료이다. 산초의 매운맛 성분인 산쇼올은 변화되기 쉬워 한꺼번에 산초가루를 만들어놓으면 매운맛이 없어진다.

홍어회

홍어는 3~4월과 겨울에 나는 뼈 없는 생선으로 칼슘을 송두리째 먹게 되므로 건강에 매우 좋은 식품이며 봄철의 홍어는 더욱 맛이 좋다. 홍어회는 전라도의 향토음식으로 막걸리, 묵은김치와 함께 홍탁삼합이라 불린다.

만드는 방법

01 홍어는 껍질을 벗겨 결 반대방향으로 채썰어(5×0.5×0.3cm) 식초에 30여 분 재워둔 다음 물기를 꼭 짠다.

02 무, 오이는 5×0.5×0.3cm 크기로 썰어 소금에 절이고 통도라지는 무와 같은 크기로 썰어 소금으로 주물러 씻어 쓴물을 빼고 물기를 짠다.

03 미나리는 손질해 5cm 길이로 썰고, 배도 5×0.3cm 크기로 채썬다.

04 준비된 양념으로 양념장을 만들어 ①과 ②를 고루 섞어 무치고 마지막에 ③을 섞어 그릇에 담아 낸다.

재료와 분량

홍어 200g(식초 3큰술), 무 50g, 오이 80g, 통도라지 50g, 미나리 50g, 배 1/4개

양념장
고추장 1큰술, 고춧가루 3큰술, 파 1큰술, 마늘 2작은술, 깨소금 2작은술, 식초 3큰술, 설탕 3큰술, 물엿 1큰술

Tip

홍어의 조리과정 중 막걸리를 넣어 발효시키는 것은 알칼리성분인 암모니아를 유기산으로 중화시키기 위한 것이다. 무를 굵게 채썰어 반나절 정도 말렸다가 홍어와 함께 넣어 무치면 씹히는 맛이 일품이다.

멸치젓 담기

멸치젓은 초파일 전에 담가야 가장 맛있게 담글 수 있다. 멸치젓을 담가 익혀서 멸치를 건져내고 거기에 갖은 양념을 하면 그 자체로도 훌륭한 밑반찬이 된다.

만드는 방법

01 멸치는 싱싱한 것으로 골라 ㉠의 소금물에 흔들어 씻어서 소쿠리에 건져 물기를 뺀다.

02 항아리에 ㉡의 소금을 한 켜 깔고 생멸치를 고루 펴서 한 켜 담고 그 위에 소금을 뿌리고 멸치와 소금을 반복하여 켜켜로 담고 맨 위에 소금을 넉넉하게 뿌린다.

03 무거운 돌로 눌러 꼭 봉한 후 서늘한 곳에서 3개월 이상 푹 삭힌다.

재료와 분량

생멸치 1kg
㉠ 소금(호렴) 35g, 물 1컵
㉡ 소금(호렴) 140g

Tip

멸치젓을 담글 때 멸치를 구입한 후 수돗물에 씻으면 빨리 변질되므로 정수한 물에 소금을 넣고 씻어야 하며 절일 때는 소금 1에 멸치 3의 비율로 하여 담근다. 가능한 바람이 잘 통하는 그늘진 곳에서 보관해야 하며, 잘 삭은 것은 형체가 거의 없어지고 건지는 뼈만 남게 된다. 이때 건지와 국물을 체에 밭치고 젓국물은 물 2에 젓국 1의 비율로 섞어 끓여 체에 밭치면 멸치액젓이 된다.

느타리버섯나물

느타리버섯은 맛과 향기가 좋으며 저칼로리 식품으로 비타민 B_{12}나 비타민 D, 식이섬유를 많이 함유한 건강식품이다.

만드는 방법

01 느타리버섯은 밑동을 자르고 길이로 2~3등분하여 소금물에 데쳐서 물기를 짠다.

02 쇠고기는 5×0.2×0.2cm로 결대로 채썰어 갖은 양념을 한다.

03 피망은 꼭지를 떼고 반으로 갈라 씨를 뗀 후 5×0.2×0.2cm로 채썬다.

04 ①, ②, ③을 각각 볶아 식힌다.

05 ①, ②를 섞어 갖은 양념한 후 피망을 가볍게 섞어서 접시에 담는다.

재료와 분량

느타리버섯 200g, 쇠고기 50g, 피망 50g

쇠고기 양념
간장 1/2작은술, 설탕 1/6작은술, 파 1/2작은술, 마늘 1/4작은술, 참기름 1/4작은술, 깨소금 1/4작은술, 후춧가루 1/16작은술

전체 양념
소금 1/2작은술, 파 1작은술, 마늘 1/2작은술, 참기름 1/2작은술, 깨소금 1작은술

Tip

느타리버섯은 흰색 · 회색 · 쥐색 등 여러 종류가 있으나, 그중 쥐색의 흑느타리가 가장 품질이 우수하고 질감이 쫄깃하다. 특히 쇠고기와 함께 요리하면 씹는 맛이 쫄깃하여 음식의 맛을 한층 더 높여준다.

묵나물

삶은 시래기나 취나물 등의 산나물을 삶아 말린 것을 총칭하여 묵나물이라
한다. 보통은 정월 보름 음식에 아홉 가지 나물을 올리는데 채소가 흔치 않
은 겨울철에 주로 해 먹는다.

만드는 방법

01 건취는 하룻밤 정도 물에 담가 불려 30여 분간 충분히 삶
아 찬물에 담가놓는다.

02 ①을 건져 2등분한 후 갖은 양념을 넣고 조물조물 무친다.

03 열이 오른 팬에 기름을 두르고 볶는다.

04 ③에 물을 2~3큰술 넣고 조리듯이 볶는다.

05 ④에 실고추를 섞고 접시에 담는다.

재료와 분량

삶은 취 200g, 실고추 1g, 물 3큰술

양념
집간장 1큰술, 파 1작은술, 마늘 1작은술,
참기름 1큰술, 깨소금 1작은술

Tip

산나물을 삶아 말릴 때에는 가끔 뒤집어주어야 한다. 묵나물은 특유의 구수한 맛이 배어나는 것이 특징이며, 양념하여 볶
을 때에는 물을 2~3큰술 부어 조리듯이 볶는다. 물을 넣으면 덜 불려진 질긴 재료들이 부드러워진다. 말린 나물은 보통
쌀뜨물로 삶는데, 이것은 산나물의 아린 맛을 우려내기 위함이다.

오징어순대

『시의전서』에는 쇠창자에 고기를 두드려 온갖 양념과 기름장을 간 맞추어 섞어 가득히 넣고 쪄낸 순대 등이 설명되어 있다. 함경도에는 겨울에 창자가 아닌 명태 뱃속을 주머니로 삼아 만드는 동태순대도 있다.

만드는 방법

01 오징어는 손바닥 크기의 작은 것으로 골라 몸통과 다리를 분리해 껍질을 벗긴다.

02 ①을 끓는 물에 살짝 데쳐내어 몸통은 물기를 빼고 다리는 곱게 다진다.

03 쇠고기는 곱게 다지고 두부도 물기를 꼭 짜서 다진다.

04 건표고버섯은 따뜻한 물에 불려 기둥을 떼고 갓은 곱게 다지고 당근, 풋고추, 다홍고추도 손질하여 다진다.

05 ②의 다져놓은 오징어 다리와 ③, ④를 섞어 고루 양념한다. (이때 응고제 역할을 하는 달걀 흰자를 섞는다.)

06 ②의 오징어 몸통 속에 밀가루를 솔솔 뿌리고 ⑤의 양념으로 속을 채운 다음 꼬치로 입구를 막아준다.

07 오징어 전체 몸에 바늘 침을 주고 김이 오른 찜통에 10분간 쪄낸 후 식혀서 보기 좋게 썰어 접시에 담는다.

재료와 분량

오징어 2마리(순대용 오징어), 쇠고기 50g, 두부 30g, 건표고버섯 2장, 당근 10g, 다홍고추 1/2개, 풋고추 1개, 꼬치 6개, 밀가루 6큰술

양념
파 1작은술, 마늘 1작은술, 참기름 1작은술, 깨소금 2작은술, 소금 1/2작은술, 달걀 흰자 1큰술, 후춧가루 1/16작은술

Tip

오징어는 손바닥 크기의 작은 것으로 선택해야 보기가 좋으며 속을 넣은 후 찌기 전에 몸체에 전체적으로 바늘침을 주어서 익혀야 한다. 익으면서 순대 속에서 생기는 수분이 밖으로 빠져나와 식으면서 속의 내용물이 단단해지고 속과 몸체가 분리되지 않아 좋다. 또한 완전히 식은 후 썰어야 부스러지지 않는다.

섭산삼

우리나라 최초의 한글로 된 전문 조리서인『음식디미방』에 섭산삼의 '섭(攝)'이란 '두드려 흩어진 것을 하나로 모은다는 뜻'으로 기록되어 있으며 더덕을 두드려 튀긴 것을 '섭산삼'이라 한다. 더덕은 인삼과 같은 사포닌 성분을 갖고 있는 자양·강장 식품이다. 더덕의 한자명은 사삼(沙蔘)인데 산삼이라고 붙여 '섭산삼'이라 한 것은 음식의 격을 높여주기 위한 것으로 꿀이나 초장을 곁들인다.

만드는 방법

01 더덕은 껍질을 벗기고 길이로 갈라 소금물에 담가 쓴맛을 우려낸다.

02 ①을 건져 물기를 거둔 후 방망이로 두들겨 펴서 준비한다.

03 찹쌀가루는 체에 내려 준비한 후 ②의 더덕에 찹쌀가루를 골고루 묻힌다.

04 팬에 기름을 넣어 뜨거워지면 하얗고 바삭하게 튀긴다.

05 튀긴 더덕을 그릇에 담고 초장을 곁들인다.

재료와 분량

깐 더덕 200g(소금 1작은술) · 물 1컵, 찹쌀가루 1컵, 기름 2컵

초간장
간장 2큰술, 식초 1큰술, 설탕 1/2작은술

Tip

더덕의 껍질은 옆으로 돌려가면서 벗긴 다음 얇게 저며가며 소금물에 담가서 떫은맛을 뺀다. 그런 다음 물기를 닦아내고 방망이로 두들겨 부드럽게 한다. 잘게 찢어 전을 부치면 또 다른 별미다.

감자송편

감자를 갈아서 만든 녹말가루에 소를 넣고 빚어서 찐 떡이다. 감자송편은 더울 때 먹어야 제맛이다. 감자송편은 반죽을 약간 질게 해야 빚기가 쉽다.

만드는 방법

01 감자녹말가루는 소금물로 익반죽한다.

02 양대콩은 삶아 익혀서 소금, 설탕으로 간하여 놓는다.

03 ①을 쫄깃하도록 오래 치댄 후 3~4cm 크기로 하여 ②의 소를 넣어 꼭꼭 눌러 송편 모양으로 빚는다.

04 김이 오른 찜통에 젖은 보자기를 깔고, ③을 넣어 10여 분간 맑게 쪄내어 뜨거울 때 참기름을 발라 접시에 담아낸다.

재료와 분량

감자녹말 200g(물 150cc+소금 1/2작은술), 양대콩 60g(소금, 설탕 각 1/2작은술), 참기름 1작은술

Tip

감자녹말가루에 엷게 소금 간을 한 끓는 물을 넣고 익반죽해야 한다. 끓는 물을 넣고 반죽하면 전분이 투명하게 익어 호화된 상태가 된다. 또한 오래 치대어야 송편의 표면이 매끄럽고 모양이 흐트러지지 않으며 쫄깃한 맛이 나고 여열이 남아 있는 상태에서 송편 반죽을 해야 잘 만들어진다.

오징어젓갈무침

젓갈은 생선, 조개, 새우, 생선내장 등을 소금에 짜게 절이거나 양념하여 삭힌 것으로 일정기간 동안 숙성시킨 것이다. 리신, 글루타민산, 글리신, 알라닌, 루이신 등 필수아미노산과 핵산이 풍부하여 감칠맛이 난다. 또한 지방, 티아민, 나이아신, 비타민 B_{12} 등도 들어 있어 훌륭한 식품으로 손꼽힌다.

만드는 방법

01 오징어젓갈에 고운 고춧가루와 나머지 재료를 섞어 양념한다.

02 실파는 손질하여 3cm로 썰고 풋고추는 반으로 갈라 씨를 털고 3×0.1×0.1cm로 썬다.

03 ①에 ②를 섞고 흑임자를 넣는다.

재료와 분량

오징어 젓갈 300g, 실파 2줄기, 풋고추 1개,

양념
마늘 1작은술, 생강 1/4작은술, 고운 고춧가루 2큰술, 식초 1작은술, 참기름 1/2큰술, 흑임자 1/4작은술

Tip

오징어는 안쪽부터 진피, 다핵층, 색소층, 표피로 되어 있는데 진피만 세로 방향이다. 나머지 근섬유는 모두 가로방향으로 되어 있어 손질 후 안쪽에 가로·세로 대각선으로 칼집을 넣어야 소화도 잘되며 썰었을 때 모양이 오그라들어 예쁘다. 오징어를 절였을 때 너무 짜면 소주와 물엿을 넣어 염도를 조절하기도 한다. 오징어젓갈에 양파를 다져 넣으면 짠맛이 다소 완화된다.

감자조림

감자는 식물성 섬유질이 풍부하여 위속에서 오랜 시간 머물러 공복감을 적게 느끼게 하므로 껍질을 벗기지 않고 밥이나 빵, 면류 대신 주식으로 사용하면 좋다. 또한 비만과 깊은 관련이 있는 당뇨의 경우 식이요법에 좋다.

만드는 방법

01 감자는 껍질을 벗겨 반으로 가르고 마구썰기하여 모서리를 다듬고 잠깐 데친다.

02 쇠고기는 3×1×0.3cm로 얇게 썰어 양념을 한다.

03 풋고추는 어슷하게 썰어 물에 헹구어 씨를 뺀다.

04 준비된 재료로 양념장을 만든다.

05 열이 오른 팬에 참기름을 넣고 ②를 먼저 볶아 접시에 담는다.

06 ①에 ④의 양념장을 넣고 익힌다.

07 ⑥이 어느 정도 끓으면 국물을 조려 ⑤의 고기와 풋고추를 넣고 마저 조린다.

08 ⑦이 부드러워지고 국물이 거의 다 조려졌으면 실고추를 넣고 뒤적여 접시에 담아 낸다.

재료와 분량

감자 200g, 쇠고기 30g, 풋고추 1개, 실고추 1g

쇠고기 양념
간장 1/4작은술, 설탕 1/6작은술, 파 1/4작은술, 마늘 1/4작은술, 후춧가루 1/16작은술

조림장
간장 2큰술, 설탕 2작은술, 물 1/2컵, 참기름 1작은술, 깨소금 1작은술, 파 2작은술, 마늘 1작은술, 후춧가루 1/16작은술

Tip

감자에는 칼륨이 풍부하다. 칼륨은 체내의 염분을 조절하기 때문에 간장기능이 저하된 사람이나 혈압이 높은 사람에게 좋으며 나트륨을 몸 밖으로 내보내 소금의 독을 해소하는 역할을 한다. 생감자즙은 매우 강력한 해독작용을 가지고 있으므로 각종 약물의 급성중독에 걸렸을 경우에 도움을 주는데, 이는 다량의 나트륨, 황, 인, 염소 등 때문이다.

취나물

취나물은 국화과에 속하며 우리나라 전 산야에 분포하는 여러해살이풀이다.
취나물로 이용되고 있는 것은 참취, 곰취, 미역취, 개미취, 수리취가 있다.
잎은 나물이나 쌈으로 이용하며 뿌리는 약용으로 쓴다.

만드는 방법

01 생취는 어린 것으로 선택해 깨끗이 손질하여 끓는 물에 소금을 넣고 파랗게 삶은 다음 물에 담가 떫은맛을 우려낸다.

02 ①의 물기를 꼭 짜서 간장(소금), 파, 마늘로 양념하여 열이 오른 팬에 기름을 두르고 볶는다.

03 ②에 나머지 양념을 넣고 간이 고루 배어들도록 무쳐서 접시에 담아 낸다.

재료와 분량

생취 200g, 집간장 1/2작은술, 파 2작은술, 마늘 1작은술, 참기름 1작은술, 깨소금 2작은술

Tip

취나물처럼 향이 강한 식재료는 재료 자체의 맛을 살리기 위하여 마늘, 파, 생강 등의 양념류를 많이 사용하지 않는 것이 좋다.

봄취는 부드럽기 때문에 삶아서 그대로 소금으로 무친다. 그러나 가을 취는 질기기 때문에 삶아서 기름을 두르고 볶아 조리해야 한다. 또한 삶은 취는 하룻밤 이상 물을 갈아가며 충분히 우려서 취 특유의 아린 맛을 제거한 다음 물기를 꼭 짜고 참기름을 넉넉히 둘러서 볶아야 좋다.

팥죽

『형초세시기』에 "정월 보름 전날에 붉은팥으로 죽을 쑤어 먹으며, 붉은색이 악귀를 쫓는 색깔이기 때문에 팥죽을 숟가락으로 떠서 끼얹고 제사를 지낸다"라는 내용이 기록되어 있다.

만드는 방법

01 붉은팥을 씻어 일어서 물을 충분히 붓고 한소끔 끓인 다음, 그 물을 버리고 새 물을 부어 팥이 터질 때까지 푹 삶아 소금을 넣고 으깨어 고운체에 거른다.

02 쌀가루는 끓는 물로 익반죽하여 둥글게 빚어 새알심을 만든다.

03 거른 팥 웃물을 먼저 솥에 붓고 오랫동안 끓여 빛깔이 고와지면 쌀을 넣고, 쌀알이 퍼지면 눋지 않도록 주걱으로 저으면서 끓인다.

04 쌀알이 어느 정도 퍼지면 앙금을 넣고 저으면서 다시 끓인다.

05 ④에 ②의 새알심을 넣어 끓여, 새알심이 떠오르게 되면 불에서 내려놓고 간을 맞춘다.

재료와 분량

붉은팥 1컵, 쌀 1컵, 찹쌀가루 1컵(끓는 물 2큰술), 물 15컵, 소금 1큰술

Tip

팥은 다른 콩류와는 달리 껍질이 두꺼워 물 흡수가 되지 않기 때문에 물에 불려도 불어나지 않는다. 그러므로 물에 불리지 않고 바로 찬물에서부터 삶는다. 또한 껍질부분에는 사포닌 성분이 있는데 이것은 장을 자극하여 설사를 유발하므로 팥죽을 쑬 때, 처음 삶은 팥물은 버리고 새 물을 부어 무르도록 삶아 죽을 쑤는 것이 좋다. 옹심이를 만들 때 찹쌀가루에 멥쌀가루를 섞으면 익혔을 때 모양이 처지지 않아 좋다.

육개장

육개장은 지역마다 각 가정마다 만드는 방법과 넣는 재료가 조금씩 다르다.
서울식 육개장은 양지머리를 푹 삶아 결대로 찢어서 대파만을 넣고 끓인다.
반면, 대구식 육개장은 쇠뼈를 오래 곤 국물에 토란대, 고사리, 대파, 숙주,
부추 등을 많이 넣고 끓인다.

만드는 방법

01 쇠고기는 손질하여 찬물에 담가 핏물을 빼고 건져서 향미
채소를 넣고 찬물에서부터 삶는다.

02 채소는 손질하여 6~7cm로 썰어 끓는 물에 살짝 데쳐낸
다.

03 ①의 고기는 건져서 찢어놓고 국물은 체에 걸러놓는다.

04 준비된 분량으로 양념다대기를 만든다.

05 ④에 ②, ③의 채소와 고기를 무쳐서 ③의 국물에 넣고 끓
인다.

재료와 분량

쇠고기 200g, 대파 30g, 숙주 60g, 고사
리 30g, 느타리버섯 60g

육수 4컵
물 5컵, 무 50g, 마늘 3톨, 생강 1/2톨,
국간장 1큰술

양념장
고춧가루 2큰술, 참기름 2큰술, 소금 1작
은술, 마늘 1큰술, 후춧가루 1/16작은술,
생강 1/4작은술

Tip

일반적으로 쇠고기로 만든 음식에는 고춧가루를 넣지 않는 것이 보통인데, 이 국은 고춧가루를 비교적 진하게 양념하는
것이 특징이다.
육개장에 쓰는 쇠고기는 양지머리나 홍두깨 등의 살코기가 좋으며 양념과 파를 넉넉히 넣어 고기의 누린내를 없애고 매
콤한 맛이 입맛을 돋운다.

파전

임금님 진상품으로 유명한 동래의 전통 향토음식인 동래파전은 조선시대 말 음력 3월 삼짇날(3月 3日)을 전후하여 동래장터에서 점심 요깃감으로 등장한 것으로 장사꾼은 물론 장 보러 온 사람들로부터 큰 인기를 끌었다고 전해진다.

만드는 방법

01 실파는 깨끗이 손질하여 10cm 길이로 자르고 줄기 쪽에만 소금, 참기름으로 양념한다.

02 밀가루에 쌀가루를 섞어 멍울지지 않도록 물에 개어둔다.

03 달걀은 소금을 넣고 풀어놓는다.

04 굴과 새우는 소금물에 씻어 물기를 뺀 다음 새우는 굵직하게 다진다.

05 파에 밀가루를 묻히고 가루즙에 버무려 기름 두른 뜨거운 팬에 파 3~4줄기씩을 대공이 아래위로 가도록 가지런히 놓는다.

06 굴, 새우를 밀가루에 굴려 ③의 달걀을 묻힌 후 파 사이에 드문드문 놓고 밀가루즙을 올린다.

07 앞뒤를 모양 있게 지져낸 다음 4×3.5cm가 되도록 썰어서 초간장을 곁들여 낸다.

재료와 분량

실파 120g(소금 1/4작은술, 참기름 1/2 작은술), 굴 80g, 깐 새우살 60g, 밀가루 1/2컵, 식용유 3큰술

밀가루즙
밀가루 1/2컵, 쌀가루 1/4컵, 물 2/3컵, 달걀 2개, 소금 1작은술

초간장 2큰술
간장 2큰술, 식초 1큰술, 설탕 1/2작은술

Tip

파전은 밀가루즙을 묻혀서 부치는 전으로 밀가루즙의 농도는 밀가루 1 : 물 1을 기본으로 하여 농도를 조절하되, 쌀가루를 섞어주면 더 구수한 맛이 난다. 일반적으로 쌀가루는 밀가루의 1/10 정도로 하면 좋다. 뜨거운 돌판이나 철판에 담아낼 때에는 보통 쌀가루를 밀가루의 1/2~1/3의 비율로 섞어준다.

아귀찜

아귀의 살은 부드럽고 점성이 강하며, 지방은 간에 매우 소량 함유되어 있다. 뼈는 연골이고 삶으면 젤라틴화해서 부드러워지며 특히 겨울철에 맛이 있다.

만드는 방법

01 아귀는 내장을 손질하고 뼈째 토막낸 뒤 사방 5cm로 썰어 놓고 소금을 뿌린 후 2~3시간 채반에 얹어 바람이 통하는 곳에서 꾸들꾸들 말린다.

02 미더덕은 엷은 소금물에 씻는다.

03 콩나물은 머리와 꼬리를 떼어낸 후 씻고 미나리는 잎을 떼고 줄기만 다듬어 씻어 5cm 길이로 썬다.

04 풋고추와 다홍고추는 어슷하게 썰어 씨를 털어내고 대파도 손질하여 어슷하게 썬다.

05 준비된 재료로 양념장을 만들어놓고 찹쌀가루즙을 개어 고루 풀어놓는다.

06 열이 오른 팬에 기름을 두르고 아귀와 미더덕을 볶다가 재료가 익으면 콩나물을 위에 올리고 멸치육수 1/2컵을 부어 양념장을 넣고 뚜껑을 덮어 찌듯이 익힌다.

07 ⑥에 나머지 재료를 넣어서 함께 익히고 채소가 파랗게 익으면 찹쌀가루즙을 풀어 넣고 참기름, 깨소금을 섞은 다음 뒤적여 그릇에 담아 낸다.

재료와 분량

아귀 500g(소금 1/4작은술), 미더덕 100g, 콩나물 200g, 미나리 100g, 대파 1뿌리, 풋고추 2개, 다홍고추 1개, 멸치육수 1/2컵

양념장
고춧가루 3큰술, 파 2큰술, 마늘 1큰술, 생강 1작은술, 진간장 1큰술, 소금 1작은술. 설탕 1작은술, 후춧가루 1/16작은술, 청주 1큰술

찹쌀가루즙
찹쌀가루 3큰술(물 3큰술)

Tip

아귀는 껍질과 내장, 지느러미도 버리지 말고 요리에 사용한다. 아귀 껍질에는 콜라겐이 많으며 삶으면 젤라틴화되어 부드럽고 쫀득한 맛이 좋다. 껍질의 미끈거리는 진액에서 비린내가 나므로 물에 여러 번 헹구어 완전히 없애주는 것이 좋으며, 대량으로 조리할 때는 아귀를 끓는 물에 살짝 데쳐서 사용하는 것이 좋다.

우렁이 초회

우렁이는 천년을 산다는 학과 강장에 탁월한 효과를 보이는 잉어가 즐기는 먹이로도 유명하다. 칼슘과 철분이 다른 어패류에 비해 10배 이상 함유되어 있어 임산부나 노약자 및 성장기 어린이에게 특히 좋은 식품이며, 지방이 적고 비타민이 풍부하여 생활습관병과 암질환 예방에도 효과가 있다.

만드는 방법

01 우렁이 살은 된장과 밀가루로 각각 주물러 씻어 헹구고 끓는 물에 데쳐낸다.

02 오이는 삼각썰기하여 씨를 빼고 사방 2cm로 썬다.

03 더덕은 가볍게 두드려 오이와 같은 길이로 찢어놓는다.

04 쑥갓은 손질하여 2cm 길이로 썰고, 풋고추, 다홍고추는 반으로 갈라 씨를 털어내고 사방 2cm로 썬다.

05 준비된 양념으로 양념장을 만들어 ①~③을 넣고 버무려 간을 맞추고 ④를 가볍게 섞어 접시에 담아낸다.

재료와 분량

깐 우렁이 살 200g(된장 1큰술, 밀가루 1큰술), 더덕 30g, 쑥갓 20g, 풋고추 1개, 다홍고추 1/4개

양념
고추장 1큰술, 고춧가루 2큰술, 식초 2큰술, 설탕 1큰술, 파 1큰술, 마늘 1작은술, 깨소금 1작은술, 물엿 1작은술, 후춧가루 1/16작은술, 레몬즙 1큰술

Tip

우렁이 살의 냄새 제거를 위해 1차 삶아내어 껍질에서 살을 빼내고 내장을 제거한 후 밀가루로 여러 번 주물러 씻어야 좋다. 토속적인 우렁이와 더덕의 향이 들어간 향토색 짙은 음식이다.

홍합죽

『증보산림경제』에는 홍합을 '담채'라 하고, 중국 사람은 이것을 '동해부인'이라 하였으며, 『규합총서』에는 "살이 붉은 것은 암컷이니 맛이 좋고, 흰 것은 수컷이니 맛이 그것만 못하다. 동해 것은 작고 검으나 으뜸이요, 북해 것은 크고 살쪄 있으나 맛이 그것만 못하다" 하였다.

만드는 방법

01 마른 홍합을 물에 담가 충분히 불려 깨끗이 다듬고 잘게 썰어 갖은 양념을 한다.

02 밑이 두꺼운 냄비에 참기름을 두르고 ①과 불린 쌀을 섞어 쌀이 익을 때까지 볶는다.

03 ②가 어느 정도 익으면 물을 부어 홍합물이 충분히 우러나도록 끓인다.

04 쌀과 물이 잘 어우러지도록 끓여지면 간장과 소금을 넣어 간을 맞춘다.

재료와 분량

마른 홍합 1/2컵(파 1작은술, 마늘 1/2작은술, 깨소금 1/2작은술, 후춧가루 1/16작은술), 참기름 1큰술, 불린 쌀 1컵, 물 5~6컵, 국간장 1/2큰술, 소금 1/4작은술

Tip
생 홍합보다 마른 홍합을 사용하면 더욱 깊은 맛이 나며 홍합을 가볍게 씻어 물을 부어 불려놓았다가 그 물로 죽을 쑤면 맛이 한결 좋다. 불린 쌀과 물을 1 : 5~6 정도로 계량하여 사용하며 두꺼운 냄비를 사용하면 좋다.

미더덕찜

미더덕은 멍게의 일종으로 주로 음식의 부재료로 쓰이며 황갈색을 띠며 껍질이 단단한 것이 싱싱하다. 미더덕은 칼슘, 비타민 등이 풍부하며 향과 맛이 독특하여 음식 전체의 향과 맛을 더해준다.

만드는 방법

01 미더덕은 연한 소금물에 씻어 건져 물기를 뺀다.

02 콩나물은 머리와 꼬리를 떼어내고 다듬어 씻는다.

03 미나리는 줄기만 다듬어 4cm 길이로 썬다.

04 준비한 양념은 분량대로 섞어 양념장을 만든다.

05 열이 오른 냄비에 기름을 두르고 미더덕을 볶는다.

06 ⑤에 콩나물과 양념장을 넣고 냄비뚜껑을 덮은 뒤 콩나물을 익힌다.

07 콩나물이 익으면 골고루 뒤적인 다음, 미나리를 비롯한 나머지 부재료를 섞어 익힌다.

08 ⑦에 물에 갠 찹쌀가루를 넣어 걸쭉하게 익히고 참기름을 넣어 뒤적인다.

재료와 분량

미더덕 200g, 콩나물 200g, 미나리 1/2단, 굵은 파 1대, 다홍고추 1개, 소금 1/2작은술, 식용유 1큰술

양념장
고춧가루 3큰술, 파 2큰술, 마늘 1큰술, 생강 1작은술, 청주 1큰술, 간장 1큰술

찹쌀가루즙
찹쌀가루 3큰술(물 3큰술)

전체 양념
참기름 1큰술, 설탕 1/2작은술, 후춧가루 1/16작은술

Tip

미더덕은 수분함량이 많아 씹으면 입 안에서 뜨거운 액즙이 터지므로 요리하기 전에 바늘침을 주어 준비한다. 찹쌀풀은 처음부터 넣게 되면 전분이 풀어져 볼품없게 되며 모든 재료가 다 익은 후 마지막에 넣어야 묽어지지 않는다.

호박죽

호박은 대표적인 녹황색 채소로 카로틴이 풍부하여 눈의 점막을 튼튼하게 하고 감기에 대한 저항력을 키워준다. 또한 카로틴은 항산화작용을 하여 활성산소를 제거하므로 암세포의 발생을 억제하고 암세포가 발생하더라도 싸울 수 있는 건강한 균을 활성화한다. 호박의 황색이 바로 이 카로틴의 색이다.

만드는 방법

01 호박은 껍질을 벗기고 씨를 빼서 부드럽게 삶은 후 물과 함께 체에 내린다.

02 찹쌀가루는 물에 풀어 체에 곱게 내린다.

03 양대콩은 충분히 불린 후 부드럽게 삶아 설탕, 소금을 넣고 조린다.

04 ①의 호박 내린 원액을 넣고 끓이다가 ②의 찹쌀가루즙으로 농도 조절을 하고 설탕, 소금으로 간을 한다.

05 그릇에 담아 ③을 섞는다.

재료와 분량

천동호박 400g(물 1컵), 찹쌀가루 1/4컵 (물 1컵), 설탕 1큰술, 소금 1작은술, 양대콩 50g(물 1/2컵, 소금, 설탕 각 1/4작은술)

Tip

생산량이 많은 가을철에 호박을 넉넉히 구입하여 껍질을 벗기고 삶아서 식힌 후 믹서에 갈아 비닐봉지에 넣어 냉동 저장하였다가 필요시 간편하게 이용할 수 있다. 호박은 생물을 잘라서 손질하여 냉동 보관하는 경우도 있으나, 이 경우에는 향과 단맛이 삶아서 보관했을 때보다 감소된다.

장떡

장떡은 찹쌀가루나 밀가루에 간장 또는 된장, 고추장 등을 섞어 반죽해서 반대기를 지어 기름 두른 번철에 지져낸 음식으로 꾸덕꾸덕 말려 밑반찬으로 사용하기도 했다.

만드는 방법

01 찹쌀가루에 뜨거운 물과 고추장, 고춧가루를 넣고 고루 섞이도록 치댄다.

02 풋고추, 다홍고추는 둥글게 썰어 씨를 털어낸다.

03 ①에 갖은 양념을 하여 지름 4cm 크기로 동글납작하게 빚는다.

04 따뜻하게 달군 팬에 기름을 충분히 두르고 ③을 넣어 한쪽 면을 지진 후 뒤집어 그 위에 풋고추, 다홍고추를 고명으로 올려 지져낸다.

05 ④를 접시에 예쁘게 담아 낸다.

재료와 분량

찹쌀가루 1컵(물 1큰술), 풋고추, 다홍고추 각 1/2개씩, 고추장 1작은술, 고춧가루 1/2작은술, 식용유 1큰술

양념
파 1작은술, 마늘 1/2작은술, 참기름 1작은술, 깨소금 1작은술, 후춧가루 1/16작은술

Tip

장떡은 다른 부침개 종류와는 달리 식었을 때가 쫀득쫀득해 더 맛있다. 고추장이 가루에 잘 풀어지게 하려면 밀가루나 쌀가루에 장을 함께 넣고 섞기보다는 먼저 고추장을 물에 푼 후 가루에 섞어 반죽하는 편이 한결 고르게 반죽할 수 있다.

애호박나물

호박은 체내에서 비타민 A가 되어 점막 강화, 거친 피부나 감기 예방, 야맹증이나 눈의 피로예방에 효과적이다. 당질, 칼륨, 비타민 C도 충분하며, 몸을 따뜻하게 해주고 위장을 튼튼하게 해주는 대표적인 채소 중 하나이다.

만드는 방법

01 애호박은 길이로 반으로 나누어 살에 붙어있는 씨를 둥글게 파서 버리고 반달형으로 썰어 소금에 절인다.

02 쇠고기는 잘게 다져 양념하여 볶아놓고, 다홍고추는 3×0.1×0.1cm로 채썰어 볶는다.

03 ①의 호박은 물기를 가볍게 짜서 볶으면서 새우젓으로 간을 맞춘다.

04 ②의 고기와 다홍고추는 ③과 섞어 전체 양념을 넣어 양념하고 접시에 담는다.

재료와 분량

애호박 1개(소금 1작은술), 쇠고기 50g, 다홍고추 1/2개, 새우젓 1작은술, 식용유 1작은술

쇠고기 양념
간장 1작은술, 설탕 1/4작은술, 파 1/2작은술, 마늘 1/4작은술, 후춧가루 1/16작은술

전체 양념
파 1작은술, 마늘 1/2작은술, 참기름 1작은술, 깨소금 1작은술

Tip

새우와 애호박은 식품궁합이 잘 맞는 재료로 쇠고기 대신 새우살을 볶아 넣기도 한다. 새우가 없을 때 새우젓국을 넣어 간을 하면 같은 효과가 난다. 애호박을 눈썹처럼 썰었다 하여 '눈썹나물'이라고도 한다.

호두장과

고려 말 충렬왕 12년에 공신이었던 영밀공 유청신이라는 분이 호지(원나라)에서 가져왔고 과실 모양이 복숭아와 같다 하여 호(胡)자와 도(桃)자를 따서 '호도'라고 부르게 되었다고 한다. 호두에는 많은 양의 지방과 질 좋은 단백질, 비타민 B₁, 인, 칼슘 등이 들어 있다.

만드는 방법

01 깐 호두 살은 반으로 쪼개서 심을 빼고 뜨거운 물에 잠깐 담가 꼬치로 속껍질을 벗긴다.

02 생강, 파, 마늘은 편썬다.

03 ②에 간장을 비롯한 조림장 재료를 모두 넣고 우르르 끓으면 체에 거른다.

04 열이 오른 팬에 기름을 두르고 ①을 볶다가 ③의 조림장을 넣고 재빨리 볶은 다음 불을 끈 후 참기름과 흑임자를 뿌린다.

05 그릇에 보기 좋게 담는다.

재료와 분량

깐 호두 살 200g, 식용유 1작은술, 참기름 1/4작은술, 흑임자 1/8작은술, 꼬치 2개

조림장
간장 2큰술, 설탕 1.5큰술, 물 2큰술, 생강 1/2톨, 파 20g, 마늘 1톨

Tip

호두를 물에 오래 담가놓으면 껍질을 벗길 때 부서져 모양이 좋지 않으며 표면에 속껍질의 검은색이 물들어 떡의 고명으로 이용하고자 할 때에는 좋지 않다. 그러나 간장으로 조릴 때에는 무방하다.

녹두죽

녹두(菉頭)는 탄수화물 57%, 단백질의 함량이 20~25%에 이르러 영양가가 높다. 녹두는 떡고물과 녹두죽, 빈대떡 등을 만드는 데 사용되며, 발아시켜 채소로 기르면 숙주나물이 된다. 녹두의 전분으로 만든 묵을 청포(淸泡)라 하며 다양한 채소와 고기를 양념하여 탕평채를 만든다. 녹두는 해독·해열작용이 있으며 종기 등의 피부병 치료에 쓰이기도 하였다.

재료와 분량

통녹두 1컵, 불린 쌀 1컵, 물 8컵, 소금 1작은술

만드는 방법

01 녹두는 깨끗이 씻어 놓는다.

02 쌀은 깨끗이 씻어 2시간 정도 불려놓는다.

03 큰 냄비에 ①과 물 8컵을 부어 부드럽게 삶아 무르면 으깨어 체에 거른 뒤 껍질을 버리고 녹두물과 앙금을 받아놓는다.

04 냄비에 쌀과 ③의 녹두 웃물만 붓고 뭉근한 불에서 쌀알이 퍼질 때까지 끓인다.

05 쌀알이 퍼지면 앙금을 조금씩 나누어 부으면서 서서히 끓인다.

06 쌀이 퍼지고 다 끓으면 소금으로 간을 맞추어 그릇에 담아낸다.

Tip

녹두죽은 조금 묽은 듯할 때 불에서 내려놓아야 앙금이 엉기고 쌀알이 퍼져서 되직하게 된다. 통팥이나 통녹두는 물에 불리면 눈에 물이 스며들어 끓일 때 껍질이 터져 내부 성분이 물에 용출되어 맛이 떨어진다. 그러나 녹두부침을 만들 때는 통녹두보다는 탄 녹두를 이용하는 것이 좋다.

어리굴젓

비타민과 미네랄이 매우 풍부하여 '바다의 우유'라고도 불리는 굴은 여러 가지 영양소를 이상으로 가지고 있는 영양식품이다. R자가 안 들어가는 달인 5, 6, 7, 8월에는 독성이 있으므로 가는 것이 좋다. 굴 껍질이 그대로 붙어 있는 화는 들어보아 묵직한 것이 좋고, 껍질을 까놓은 것은 광택 있는 유백색으로, 통통하며 가장자의 검은 선이 선명한 것이 신선한 것이다.

재료와 분량

깐 생굴 300g, 무 50g, 배 1/4개, 밤 2개

양념
흰 파채 1큰술, 마늘채 1/2큰술, 생강채 1작은술, 고춧가루 4큰술, 소금 2큰술, 설탕 1작은술

만드는 방법

01 생굴을 연한 소금물에 깨끗하게 씻어 물을 뺀다.

02 무와 배는 껍질을 벗겨 사방 1.5cm 정도로 나박썰기한다.

03 ②의 무는 소금에 절여 물기를 짜서 고춧가루를 반만 넣고 버무려 색이 빨갛게 우러나게 무친다.

04 밤은 껍질을 벗겨 채썰고 양념에 들어가는 부재료들은 두 채썬다.

05 ①의 굴에 ③, ④를 넣어 버무린 후 나머지 고춧가루를 고 소금으로 간을 맞춘다.

Tip

어리굴젓은 작은 크기의 조선굴을 이용해야 좋다.
굴은 소금물로 씻기 전에 무즙을 굴에 넣고 가볍게 비비면 무즙이 검게 되면서 굴이 깨끗해진다. 그런 다음 발이 굵은 바구니나 망에 담아 소금물에 2~3회 흔들어 씻는다. 어리굴젓은 익히지 않고 바로 먹으면 굴의 산뜻한 맛과 향이 있어 좋다.

묵쑤기

묵은 구황식으로 흉년 시 백성의 배고픔을 달랠 수 있는 음식으로 메밀묵, 녹두묵, 도토리묵이 있으며 메밀묵은 『시의전서』, 도토리묵은 『옹희잡지』, 청포묵은 『명물기략』에 만드는 방법이 설명되어 있다. 『고려사』에는 충선왕이 흉년이 들자 반찬 수를 줄이고 도토리를 맛보았다는 기록이 있다. 도토리묵은 천연의 타닌성분으로 인하여 떫은맛과 약간 쓴맛이 있는 것이 고유한 도토리묵의 맛이다.

만드는 방법

01 도토리녹말을 정량의 물에 30여 분간 풀어놓는다.

02 ①을 고운체나 얇은 헝겊에 걸러 두꺼운 냄비에 붓고 약한 불에서 밑이 타지 않도록 나무주걱으로 저어가면서 묵을 쑨다.

03 거의 다 쑤어져서 말갛고 투명해지면 소금과 식용유를 넣고 잘 섞은 후 뚜껑을 덮고 뜸을 푹 들인다.

04 네모지고 반듯한 그릇의 밑바닥에 찬물을 약간 바르고 ③의 묵을 쏟아 완전히 굳힌다.

05 ④를 4×2×1cm로 썰어 담는다.

06 양념장을 만들어 ⑤에 곁들인다.

재료와 분량

도토리녹말 1컵, 물 6컵, 소금 1/2작은술, 식용유 1/2작은술

양념장
간장 2큰술, 설탕 1/2작은술, 참기름 2작은술, 깨소금 1큰술, 파 1큰술, 마늘 1/2작은술, 고춧가루 1작은술, 후춧가루 1/16작은술

Tip

물에 묵전분을 풀어서 바로 묵을 쑤는 것보다는 충분히 물에 개어 풀어놓았다가 묵을 쑤는 것이 좋다. 도토리녹말 1컵에 물 6컵이 적당하나 경우에 따라 녹말과 물의 비율을 1 : 5~7로 하기도 한다. 묵이 주걱에서 뚝뚝 떨어지는 정도의 농도면 좋다. 전분이 호화되어 엉겼다고 바로 불을 끄는 것보다는 30분 이상 오래 저어줄수록 조직이 탄력적이어서 씹는 맛이 쫄깃하다.

전복죽

옛날 진시황이 불로장생에 좋다 하여 널리 구한 것 가운데 하나가 제주도의 전복이라 한다. 전복은 여름철에 가장 맛이 좋은데 조개류 중에서 가장 귀하고 값이 비싸 옛날에는 말린 것을 임금에게 진상하기도 하였다. 감칠맛을 내는 글루타민산이 많으며 일반 어류보다 단백질이 많고 지방질이 적어 간기능의 회복에 좋은 것으로 알려져 있다.

만드는 방법

01 전복은 깨끗이 씻어 껍질과 내장을 제거한 후, 솔로 해감을 말끔히 닦아낸다.

02 ①을 얇게 저며 가늘게 채썬다.

03 불린 쌀은 분마기에 굵직하게 갈아놓는다.

04 냄비에 참기름을 넣어 ②를 볶다가 여기에 ③을 함께 넣고 쌀알이 투명해질 때까지 볶은 후 계량한 물을 부은 후 약간 센 불에서 계속 끓인다.

05 ④가 한번 끓어오른 후 불을 줄이고 쌀알이 충분히 퍼지도록 끓인 다음 소금으로 간을 맞추어 그릇에 담아낸다.

재료와 분량

전복 1개(50g), 불린 쌀 1/2컵, 참기름 1큰술, 물 3~4컵, 소금 1작은술, 후춧가루 1/16작은술

Tip

전복 등쪽의 해감을 닦아내지 않고 그대로 요리에 이용하면 비린 맛이 많이 나며 요리의 색이 검게 되어 볼품이 없어진다. 원래의 전복죽은 전복 살로만 끓이는 것인데, 최근에는 건강에 좋은 내장을 넣어 푸른빛이 나게 끓여 영양전복죽을 만들기도 한다.

빙떡

메밀과 무가 어우러져 독특한 맛을 내는 빙떡은 제주 전통음식으로 명절 때 즐겨먹는 대표적인 음식이다. 일명 멍석떡, 전기떡, 연빙, 쟁기떡이라고 하며 빙빙 마는 떡이라 하여 빙떡이라 불린다.

만드는 방법

01 메밀가루에 같은 양의 물을 붓고 달걀 흰자를 섞어 소금 간을 하여 반죽을 하고 밀전병을 부친다.

02 무는 4×0.2×0.2cm 크기로 채썬다.

03 건표고버섯을 물에 담가 불려 기둥을 떼고 곱게 채썰고, 고기도 채썰어 갖은 양념을 한다.

04 ②,③을 각각 볶아 식혀 양념을 한다.

05 ①을 10×20cm로 잘라 펼쳐놓고 그 위에 ④를 가지런히 놓고 직경 2.5cm 크기로 김밥 말듯이 말아 4cm 길이로 잘라 접시에 담아 낸다.

재료와 분량

메밀가루 1컵(물 1컵, 달걀 흰자 2개분, 소금 1/2작은술), 무 1/3개(300g), 건표고버섯 3장, 쇠고기 50g

쇠고기 양념
소금 1/4작은술, 마늘 1/4작은술, 후춧가루 1/16작은술, 설탕 1/8작은술, 참기름 1/4작은술, 깨소금 1/4작은술

양념
파 2작은술, 마늘 1작은술, 참기름 1작은술, 깨소금 2작은술, 소금 1/2작은술, 후춧가루 1/16작은술

Tip

빙떡의 속재료로 이용되는 무는 메밀의 독성을 해독시키므로 식품의 궁합이 잘 맞는 음식이다. 시판되는 메밀가루보다는 통째로 빻은 메밀가루가 맛도 있고 잘 부쳐진다. 메밀전병을 부칠 때는 뜨거운 팬에 기름을 닦아낸 후 기름 입자가 없이 하여 얇게 부쳐야 한다.

생 표고버 섯 나물

기온과 습도가 맞는 참나무에서만 자라는 작물로 비를 맞지 않은 상태에서 벌어지지 않은 것이 최상품이다. 또 갓이 완전히 벌어지지 않고 약간 오므라든 것으로 갓의 형상이 품종 고유의 모양으로 균일하며 두께가 두껍고 고유의 색택으로 뛰어난 것이 좋다.

만드는 방법

01 생 표고버섯은 기둥을 따고 은행잎 모양으로 쪼갠다.

02 ①은 끓는 물에 데쳐내어 물기를 꼭 짠다.

03 피망과 다홍고추는 반을 잘라 속을 떼어버리고 4×0.2×0.2cm로 채썰어 놓는다.

04 쇠고기는 4×0.2×0.2cm 길이로 채썬 다음 갖은 양념을 한다.

05 열이 오른 팬에 기름을 두르고 ②, ③, ④를 각각 볶아 식혀 놓는다.

06 ⑤의 표고버섯에 갖은 양념으로 간을 맞추어 볶아놓은 쇠고기를 넣고 섞는다.

07 ⑥에 피망, 다홍고추를 가볍게 섞어서 접시에 담아 낸다.

재료와 분량

생표고버섯 200g, 피망 1/2개, 다홍고추 1/4개, 쇠고기 50g, 식용유 1작은술

쇠고기 양념
간장 1작은술, 설탕 1/4작은술, 파 1/2작은술, 마늘 1/4작은술, 참기름 1/4작은술, 깨소금 1/4작은술, 후춧가루 1/16작은술

양념
소금 1/2작은술, 파 1작은술, 마늘 1/2작은술, 참기름 1작은술, 깨소금 2작은술

Tip

생표고버섯을 물속에 담가 씻으면 풍미가 떨어지므로 가볍게 흐르는 물에 씻거나 깨끗한 행주로 닦아 바로 요리에 이용하는 것이 좋다. 버섯 자체의 맛과 향을 즐기기 위해 마늘 등 향신양념은 되도록 적게 넣는 것이 좋다.

고사리나물

고사리는 봄철 햇고사리가 맛이 있으며, 석회질이 많아 뼈와 이에 좋고 섬유질이 많아 정장효과가 있는 좋은 식품이다. 생고사리에는 타이미나아제(thiaminase)가 있어서 비타민 B_1을 파괴하므로 충분히 삶아서 조리해야 한다.

만드는 방법

01 말린 고사리는 하룻밤 물에 불렸다가 충분히 연하게 될 때까지 삶아서 그대로 식힌 다음 물에 담가놓는다.

02 삶은 고사리의 줄기가 억세고 단단한 부분을 다듬어내고 5cm 정도의 길이로 잘라놓는다.

03 파, 마늘을 곱게 다지고 실고추는 3cm 길이로 끊는다.

04 쇠고기는 가늘게 채썰고 양념장을 만들어 고사리와 고기를 각각 무친다.

05 열이 오른 팬에 쇠고기를 볶다가 양념한 고사리를 함께 넣어 볶는다.

06 ⑤에 물 3큰술을 넣고 볶다가 뚜껑을 잠시 덮어 익히고 국물이 조금 남을 정도가 되면 짧게 끊은 실고추와 깨소금, 참기름을 넣고 고루 섞어 그릇에 담는다.

재료와 분량

고사리 200g, 쇠고기 50g, 실고추 1g

양념장
진간장 2작은술, 집간장 2작은술, 설탕 1/4작은술, 파 2작은술, 마늘 1작은술, 깨소금 2작은술, 참기름 1작은술, 후춧가루 1/16작은술, 물 3큰술

Tip

고사리의 특이한 떫은맛을 제거하려면 마른 고사리를 찬물에 넣고 비벼 씻어 건진 다음 뜨거운 물을 부어 우려낸다. 물이 식으면 다시 뜨거운 물을 부어 덮어두는 과정을 2~3회 반복하여 어느 정도 부드러워지면 물을 붓고 삶는다. 양념할 때에는 진간장과 집간장을 같은 비율로 넣으면 깊은 맛이 난다.

닭온반

온반은 서울의 '장국밥'이라는 음식과 유사하며 닭살을 찢어 밥 위에 국물과 함께 낸 음식이다. 이북지역이 대체로 추운 지방이므로 국밥을 먹으면 몸이 풀어져 겨울에도 좋고 사시사철 어느 때나 즐기는 음식이다.

만드는 방법

01 닭은 큼직하게 썰어 끓는 물에 향미채소를 넣고 부드럽게 삶는다.

02 ①을 건져서 살을 모두 발라내어 결 방향으로 찢고 국물은 고운체에 걸러 집간장 등을 넣고 간을 한다.

03 애호박은 5cm로 썰어 돌려깎기하여 0.2×0.2cm로 채썰고 물기를 꼭 짠다.

04 당근도 5cm 길이로 채썰고, 표고버섯은 불려서 꼭지를 따고 가늘게 채썬다.

05 ③,④의 재료를 각각 볶아 식힌다.

06 밥을 그릇에 담고 ⑤의 재료를 둘러 얹고 가운데 닭살을 얹은 후 육수를 부어 낸다.

재료와 분량

밥 4공기, 애호박 80g, 당근 60g, 표고 버섯 3개, 흑임자 1/4작은술

육수 5컵
물 6컵, 닭 400g, 생강 1/2톨, 마늘 2톨, 파 1대, 집간장 1큰술, 소금 2작은술, 후 춧가루 1/16작은술

Tip

닭온반은 밥 위에 나물을 얹고 닭살과 약간의 닭국물을 부은 음식으로 비빔밥과 비슷하다. 채소류는 계절에 나오는 채소로 바꾸어 사용해도 무방하다.

콩국

콩은 농가에서 언제든지 준비되어 있는 상비식으로 특히 노동량이 많은 사람에게 콩을 이용한 음식을 주면 단백질 급원으로 최상이었다. 콩국에 수수경단이나 밀국수를 넣으면 든든한 주식이 될 수 있다.

만드는 방법

01 흰콩은 깨끗이 씻어 일어 충분한 물에 5~6시간 불린다.

02 솥에 ①의 콩이 잠길 정도의 물을 붓고 뚜껑을 연 채 삶고 한번 끓어오르면 잠깐 두었다 건져내어 껍질을 가볍게 비벼 벗기면서 헹군다.

03 ②에 물 3컵을 부어 곱게 갈고 볶은 깨도 나머지 물을 넣고 갈아 체에 거른다.

04 ③에 소금 간을 하여 차게 둔다.

05 찹쌀가루와 수수가루는 섞어 익반죽하여 지름 1cm 크기의 경단을 빚어 끓는 물에 삶아낸다.

06 그릇에 ⑤를 담고 ④의 국물을 부은 후 잣을 고명으로 올린다.

재료와 분량

불린 흰콩 2컵, 볶은 참깨 20g, 물 6컵, 소금 2작은술, 수수가루 1/2컵, 찹쌀가루 1/4컵, 실백 1큰술

Tip

콩을 오래 삶으면 메주냄새가 나므로 단시간에 잘 삶아야 한다. 콩국을 더 맛있게 만들기 위해 땅콩이나 깨를 조금 넣고 갈아 섞으면 좋다. 콩물에 우무묵을 채썰어 섞거나 오이채를 썰어 띄워주어도 좋다.

물냉면

냉면은 14세기 이후에 민족음식으로 이어져 왔으며 『동국세시기』에는 메밀국수를 배추김치에 말고 무, 김치, 돼지고기, 쇠고기를 넣은 것이 소개되고 있다. 평양냉면은 '물냉면'으로 통용되며 함흥냉면보다 면발이 굵고 부드러우면서 구수한 맛이 특징이다.

만드는 방법

01 쇠고기는 찬물에 담가 핏물을 뺀 후 육수를 끓이고 간을 맞춘다. (다 익은 고기는 5×1×0.2cm로 썰어 냉면 고명으로 이용한다.)

02 오이는 손질하여 어슷하게 썰고 소금에 절인 후 물기를 짠다.

03 무는 껍질을 벗기고 5×1×0.2cm로 썰어 양념한다.

04 배는 껍질과 씨를 제거하고 5×1×0.2cm로 썰고 달걀은 삶아 껍질을 벗기고 반으로 가른다.

05 냉면은 끓는 물에 삶아낸 다음 찬물에 2~3회 헹구고, 1인분씩 사리를 지어 체에 밭쳐 물기를 뺀다.

06 동치미국물과 ①의 육수 5컵을 섞는다.

07 ⑤를 그릇에 담고 ①, ②, ③, ④의 고명을 올린 후 6의 국물을 붓는다.

08 ⑦에 식초와 겨자를 곁들인다.

재료와 분량

냉면 400g, 오이 150g(소금 1.5작은술), 무 80g, 배 100g, 달걀 2개, 동치미 국물 5컵, 발효겨자 1큰술, 식초 1큰술

쇠고기 육수
물 10컵, 쇠고기 200g, 파 1뿌리, 마늘 3톨, 통후추 5알, 집간장 1큰술, 소금 1큰술

무 양념
소금 1/3작은술, 고춧가루 1/4작은술, 마늘즙 1/4작은술, 생강 1/8작은술

Tip

물냉면에 이용되는 냉면 반죽은 메밀가루를 많이 넣어 맛이 고소하며 먹을 때 잘 끊어지며 비빔냉면보다 면발을 더 굵게 하는 것이 원칙이다. 최근에는 전분가루가 들어간 질긴 비빔면을 물냉면으로 이용하기도 한다. 반면 함흥냉면은 비빔냉면을 총칭하며 회를 올리면 회냉면으로 불린다. 면발은 전분이 많이 들어가 질기다.

원산잡채

『음식보』, 『음식디미방』 등의 고서에서는 잡채에 '즙'을 쳐서 쓰라고 되어 있다. 원산은 마른고기 및 해산물이 풍부한 지역으로 이 지역의 해산물을 이용하여 만들어 먹던 잡채를 원산잡채라 하였다. 또한 비슷한 향토음식으로 부산지역의 부산잡채도 해물잡채와 거의 유사하다.

만드는 방법

01 오징어는 껍질을 벗겨 몸통 안쪽에 칼집을 1cm 간격으로 길게 넣고 끓는 물에 재빨리 데쳐 0.5cm 두께로 동그랗게 썬다.

02 깐 소라살은 내장을 손질하고 0.2cm 두께로 편썬다.

03 홍합살, 새우살은 소금물에 씻어 찜통에 쪄낸다.

04 당면은 끓는 물에 삶아 찬물에 헹구어 유장으로 무친다.

05 피망, 당근. 양파, 다홍고추는 깨끗이 손질해 5×0.2×0.2cm로 곱게 채썬다.

06 표고버섯은 더운물에 불려 기둥을 떼고 곱게 채썬다.

07 위의 재료를 각각 볶아서 식힌 뒤 모두 혼합해 고루 양념하여 접시에 담아 낸다.

재료와 분량

오징어 100g, 깐 소라살 50g, 홍합살 50g, 깐 새우살 50g, 피망 200g, 당근 10g, 양파 60g, 다홍고추 1/2개, 당면 50g, 건표고버섯 3장

양념
파 1작은술, 마늘 1/2작은술, 소금 1/4작은술, 참기름 1/2작은술, 깨소금 1작은술, 설탕 1/4작은술, 후춧가루 1/16작은술

당면 양념
간장 1큰술, 설탕 1/2큰술, 참기름 1작은술

Tip

해물잡채는 당면 외에도 여러 가지 부재료가 들어가므로 간을 맞추기가 힘들다. 간이 안 맞는 이유는 당면이 간을 많이 흡수하기 때문이다. 따라서 부재료를 넣기 전에 반드시 당면에 간을 먼저 하는 것이 좋다.

콩비지찌개

두부는 고려시대의 가공식품으로 서민식으로 발달하였으며 조선시대 『성호사설』에 비지에 관한 기록이 있다. "콩을 맷돌에 갈아 콩국만 취해서 두부를 만들면 남은 찌끼도 얼마든지 많다. 그것을 끓여서 국을 만들면 맛이 먹음직하다"고 하였다.

만드는 방법

01 콩은 4~5시간 정도 불려서 문질러 껍질을 벗기고 물 3컵을 부어 믹서에 곱게 간다.

02 김치는 속을 털어내고 송송 썰어 굵게 다진다.

03 돼지고기는 잘게 썰어 갖은 양념을 한다.

04 굵은 대파도 송송 썰어놓는다.

05 김치와 돼지고기는 섞어서 볶다가 갈아놓은 비지를 붓고, 중불에서 젓지 말고 뭉근히 끓인다.

06 끓어오를 때 대파 썬 것을 넣고 다시 끓인다.

07 양념장을 곁들여 낸다.

재료와 분량

불린 흰콩 1컵(물 3컵), 김치 100g, 돼지고기 80g

고기 양념
대파 50g, 마늘 1/2큰술, 참기름 2작은술, 소금 1/2작은술

양념장
간장 2큰술, 파 1큰술, 마늘 1작은술, 고춧가루 1/2큰술, 참기름 1작은술, 깨소금 2작은술, 후춧가루 1/16작은술

Tip

콩을 갈 때 콩과 물의 비율은 1 : 3 정도로 하며 너무 오래 끓이면 고소한 맛이 덜하므로 살짝 끓여야 한다. 끓일 때, 끓어 넘치기를 잘하므로 재료를 모두 익힌 후에 콩 간 물을 한옆으로 붓고 약한 불에서 젓지 말고 끓여야 한다.

돈족찜

족편은 쇠족을 장시간 고아서 콜라겐을 젤라틴화하여 걸러서 응고시켜 묵처럼 하여 썬 것이다. 『옹희잡지』에는 이것을 우행교방(牛胻膠方)이라 하고 교병(膠餅)이라고도 한다. 이는 반듯반듯하게 떡 모양으로 썰어놓은 것을 보고 연상하여 불리었다. 전에는 젤라틴을 얻기 위해 우족과 함께 꿩고기를 삶는 것이 전형적이었다.

만드는 방법

01 돈족은 깨끗이 씻어 불에 털을 그슬려 태운다.

02 물에 정종, 된장을 풀고 ①을 넣어 센 불에서 거의 익을 때까지 삶아 냉수에 씻어놓는다.

03 냄비에 분량의 간장, 물, 설탕에 부재료를 넣고 ②와 함께 은근한 불에서 계속 조린다.

04 ③이 식으면 살은 한입 크기로 편썰어 접시에 담는다.

05 새우젓장을 만들어 함께 곁들인다.

재료와 분량

돈족(소) 5개(물 5컵, 청주 1/2컵, 된장 4큰술)

조림장
간장 1/2컵, 물 3컵, 설탕 4큰술, 물엿 2큰술, 파 1뿌리, 마늘 4쪽, 생강 20g, 양파 1/2개, 통후추 3알, 건고추 3개

새우젓장
새우젓 2큰술, 물 2큰술, 깨소금 1작은술, 다진 다홍고추 1작은술, 파 1큰술, 마늘 1작은술

Tip

돼지족찜은 대표적인 습열요리로 고기 속까지 잘 익도록 중간중간에 칼집을 넣으며, 간장 : 설탕 : 물을 1 : 0.7 : 6의 비율로 하여 양념이 속까지 배도록 오랜 시간 은근히 조린다. 돼지 족을 삶을 때 냄새 제거를 위해 향미채소를 넉넉히 넣어야 한다.

도라지나물

도라지는 예부터 애용되어 오던 근채류로 한방에서는 길경(桔梗)이라 한다. 도라지의 쓴맛은 알칼로이드 성분으로 수용성이기 때문에 물에 담가서 우려내며 칼슘과 철분이 많아 우수한 알칼리성 식품이다.

만드는 방법

01 통도라지는 가늘게 채썰어 소금을 넣고 주무른 후 물에 헹궈 물기를 짠다.

02 파와 마늘은 곱게 다지고 실고추는 3cm 길이로 썬다.

03 도라지에 양념을 넣어 고루 무친 다음, 냄비에 볶다가 물 3큰술을 넣어 뚜껑을 덮고 익힌다.

04 국물이 조금 남으면 실고추와 참기름, 깨소금을 조금 넣어 고루 섞는다.

재료와 분량

통도라지 200g, 소금 1/2작은술, 식용유 1큰술

양념
소금 1/2작은술, 파 2작은술, 마늘 1작은술, 생강 1/6작은술, 깨소금 1작은술, 참기름 1작은술, 실고추 1g, 물 3큰술

Tip

도라지의 사포닌, 플라티코닌 등과 같은 성분은 생활습관병 질환에도 좋은 것으로 알려져 있으며 나물, 자반, 정과 등으로 다양하게 이용된다.
도라지를 삶아서 볶는 것보다 볶다가 물을 약간 넣고 조리하는 것이 씹는 조직감이 훨씬 좋다.

제3장 후식 및 기타 안주류

떡

·

한과

·

음청류

·

젖은 안주

·

마른안주

송편

송편은 전국적으로 즐겨 만드는 떡으로, 추석 때 가장 먼저 나오는 햇쌀로
빚은 송편을 '오려 송편'이라 하여 조상의 차례상과 묘소에 바친다. 송편은
내는 색에 따라 기본색인 흰송편, 쑥을 넣은 쑥송편, 송기를 넣은 송기송편
으로 구별하고 속에 들어가는 소도 거피(去皮)하여 만든 팥고물, 풋콩, 밤,
대추, 깨고물 등 여러 가지가 있다.

만드는 방법

01 멥쌀은 반나절 충분히 불려 소금을 넣고 가루로 빻아 체에
내려 3등분하여 각각 색을 내고 익반죽한다.

02 밤은 껍질째 삶아 속을 파내고 간을 하여 찧어 체에 내린
다.

03 참깨는 소금을 넣고 빻아 시럽을 넣어 버무린다.

04 풋콩은 껍질을 벗겨 씻어 물기를 뺀 후 소금으로 간한다.

05 ①의 반죽을 일정한 크기로 떼어내어 엄지손가락으로 가
운데 구멍을 판 후 ②, ③, ④의 소를 각각 넣고 오므려 송
편을 빚는다.

06 솔잎을 깨끗이 씻어 찜통에 깔고 ⑥을 서로 붙지 않게 가
지런히 놓은 후 20분 정도 찐다.

07 쪄낸 송편을 찬물에 2~3번 씻어 건진 후 참기름을 발라 그
릇에 담는다.

재료와 분량

멥쌀가루 5컵(쑥가루 1작은술, 치자
물 1/2작은술, 오미자물 1/2작은술), 소
금 1/4작은술, 참기름 1/2작은술, 솔잎
200g

소

피밤(설탕 1작은술, 소금 1/6작은술), 참
깨(참깨 1/2컵, 소금 1/8작은술, 시럽 1큰
술), 풋콩 100g(소금 1/4작은술)

Tip

가루 1컵에 끓는 물 2큰술을 넣어 익반죽한다.

쪄낸 떡은 찬물에서 헹구어야 표면이 긴축되어 떡이 퍼지지 않고 쫄깃하게 된다. 식품을 이용해서 떡의 색을 내는 방법
으로 노란색은 치자물 · 난황, 초록색은 쑥 · 시금치 · 케일, 붉은색은 당근즙 · 백련초, 검은색은 코코아 · 흑미가루를 넣는
다. 익으면 대부분 색상이 진해지므로 색의 정도를 고려하여 반죽한다.

삼색경단

고물로 여러 가지 가루를 묻히거나 대추·석이·밤을 곱게 채썰어 삼색채 경단을 만들면 자연스런 색채와 향기가 뛰어나다. 이것은 주로 고급 다과상 차림이나 폐백단자에 많이 쓰인다.

만드는 방법

01 찹쌀가루는 고운체에 쳐서 뜨거운 물을 넣고 익반죽한다.

02 푸른 콩가루는 볶은 것으로 가루 낸 것을 준비한다.

03 케이크는 잘게 부수어 굵은 체에 내려 가루로 만든다.

04 검은깨가루에 설탕을 섞는다.

05 ①을 길게 원기둥 모양으로 만들어 지름 2cm 크기로 떼어 내고 잣을 1알씩 넣어 동그랗게 빚는다.

06 ⑤를 끓는 물에 삶아 동동 뜨면 조리로 건져내고 찬물에 담가 식혀서 물기를 빼고 시럽에 담근다.

07 ⑥을 건져서 3등분하여 ②, ③, ④의 고물을 묻히고 접시에 보기 좋게 담는다.

재료와 분량

찹쌀 2컵, 뜨거운 물 3큰술, 실백 1큰술, 시럽 6큰술

고물
푸른 콩가루(볶은 것) 1/2컵, 케이크가루 1/2컵, 검은깨가루 1/2컵(설탕 1큰술)

Tip

경단을 삶을 때에는 물의 양을 충분히 하여 팔팔 끓을 때 넣어야 하며, 경단이 떠오르면 꺼내어 찬물에 식혀야 모양이 단단해지고 볼품이 있다. 삶은 경단의 물기를 빼서 시럽에 담갔다가 건져 시럽이 완전히 빠진 다음 고물을 묻혀야 깨끗하고 모양이 예쁘다.

약편

대추를 뭉근하게 삶아 체에 걸러 멥쌀가루에 넣고 고루 비벼서 술과 설탕을 넣고 물을 내린다. 쌀가루는 손으로 쥐어 엉겼다가 풀릴 정도로 하여 수분을 맞추고 삼색고물을 채썰어 준비한다.

만드는 방법

01 멥쌀을 깨끗이 씻어서 반나절 물에 담갔다가 소쿠리에 건져 소금을 넣고 가루로 빻아 체에 내려서 고운 가루를 만든다.

02 멥쌀가루에 분량의 대추고, 막걸리, 설탕을 넣어서 잘 섞어준 다음 체에 내린다.

03 밤은 껍질을 벗겨 곱게 채썰고 대추는 씨를 빼고 돌려깎아서 채썬다.

04 석이버섯은 따뜻한 물에 불려 비벼 씻은 뒤 돌을 따내고 채를 썰어놓는다.

05 시루에 시루 밑을 깔고 채썬 밤, 대추, 석이버섯을 섞어 바닥에 깔고 ②의 쌀가루를 안친 다음 위에 다시 고명을 올린다.

06 시루를 찜통에 올리고 시루 번을 붙인 다음 김이 오르기 시작하여 15분 정도 쩌낸다.

재료와 분량

멥쌀가루 10컵, 막걸리 1/2컵, 설탕 1/2 컵, 대추고 1컵, 소금 1작은술

고명
밤 5개, 대추 10개, 석이버섯 10장

Tip

약편의 맛은 일반적으로 대추고를 만들어 사용하는데 대추고는 대추 100g에 물 2컵을 준비한 후 대추는 돌려깎아서 씨를 발라낸 후 잘게 썰어 분량의 물을 넣고 30분간 뭉근하게 졸이면 걸쭉한 상태의 액이 되는데 이것이 대추고이다. 체에 내려지지 않는 것은 믹서에 곱게 갈아 사용해도 좋다.

약식

정월 대보름의 절식인 약식은 약밥이라고도 하는데 찹쌀가루가 아닌 통찹쌀을 그대로 쪄내는 특수한 떡이다. 신라 소지왕 때 국가의 재앙을 미리 알려준 까마귀에 대한 보은의 뜻으로 찹쌀밥을 검게 물들여 산에 뿌려 제사를 드린 데서부터 유래하였다. '약(藥)'자는 꿀이 들어간 음식을 뜻하는 것으로 병을 고쳐줌과 동시에 이로운 음식이라는 개념을 함께 지니고 있다.

만드는 방법

01 찹쌀을 깨끗이 씻어 일어서 12시간 이상 불린 후 건져 물기를 빼놓는다.

02 찜통에 소창을 깔고 ①의 찹쌀을 찌는데, 30분 찐 후 소금물을 끼얹고 나무주걱으로 고루 섞어준 후 30분 정도 더 찐다.

03 밤은 작은 것은 2등분, 큰 것은 3등분하여 자른다.

04 대추는 돌려깎기하여 씨를 발라낸 후 2~3등분 길이로 자르고, 대추씨는 물을 조금 붓고 고아서 대추물을 만든다.

05 잣은 마른행주에 닦은 후 고깔을 뗀다.

06 ②의 찐 찹쌀이 뜨거울 때 큰 그릇에 쏟아 펼쳐 황설탕, 진간장, 대추물, 꿀, 참기름을 넣어 고루 섞은 다음 밤, 대추를 넣어 다시 버무린다.

07 찜통에 소창을 깔고 ⑥의 버무린 약식을 담은 후 중불에서 밤이 익을 정도로 15~20분 정도 찐다.

08 ⑦의 약식을 큰 그릇에 쏟아 펼쳐 잣을 넣고 고루 섞은 후 담는다.

※찹쌀의 불린 상태에 따라 찌는 시간을 가감한다.

재료와 분량

불린 찹쌀 5컵(물 1/4컵, 소금 1/2작은술), 깐 밤 10개, 대추 10개, 잣 3큰술

양념
황설탕 1/2컵, 간장 3큰술, 대추물 1큰술, 꿀 3큰술, 참기름 3큰술

Tip

색을 내기 위해 캐러멜 소스를 넣기도 한다. 캐러멜 소스는 밑이 두꺼운 냄비에 설탕 1컵을 넣고 중불에서 태우면 연기가 나고 점차 구멍이 뚫리면서 타오르기 시작한다. 이때 불을 약불로 낮추고 팬을 이리저리 돌려가며 설탕이 고루 타도록 한다. 다 탈 때까지 휘젓는 것은 금물이다(너무 태우면 쓴맛이 나므로 주의한다). 이때 반드시 뜨거운 물 1/2컵을 가장자리부터 가만히 부어 물과 시럽이 완전히 풀려 섞일 때까지 저은 후 불에서 내린다.

호박메편

천둥호박 대신 단호박을 써도 좋으며 가을철 첫서리를 맞은 호박이 가장 맛있다. 추석 무렵에 주로 해 먹는다.

만드는 방법

01 멥쌀은 깨끗이 씻어 충분히 불린 뒤 가루로 빻아 체에 쳐서 설탕과 소금을 섞는다.

02 늙은 호박은 반으로 갈라 껍질을 벗기고 속을 파내어 3×3×0.3cm로 납작하게 썰어 설탕에 버무린다.

03 거피팥은 물에 씻어 3~4시간 불려서 거피하고, 찜통에 부드럽게 쪄서 소금을 넣고 30여 분간 더 뜸을 들인 다음 체에 내린다.

04 ①의 쌀가루에 ②의 남은 설탕으로 물에 타서 체에 내린 다음 ②와 섞어둔다.

05 찜통에 보를 깔아 ③의 고물을 한 켜 깔고 그 위에 ④의 쌀가루를 2cm 두께로 고루 편 다음 호박을 올린다.

06 ⑤에 다시 쌀가루를 얹고 뚜껑을 덮어 찜통에서 찐다.

07 ⑥이 다 쪄지면 식혀 4×2×4cm로 잘라 접시에 담는다.

재료와 분량

멥쌀가루 10컵(물 1/2컵, 설탕 5큰술, 소금 1작은술), 천둥호박 400g, 설탕 1/3컵, 거피팥 1컵, 소금 1작은술

Tip

호박을 썰어 너무 일찍 설탕에 재어놓으면 수분이 나와 호박이 질겨지므로 떡을 찌기 바로 전에 설탕으로 버무린다.
시루 위에서 김이 오른 후 약 20~30분 정도 찌며 대꼬치로 찔러보아 날가루가 묻지 않으면 다 익은 것이다. 또 다른 방법으로 늙은 호박을 손질하여 삶아서 으깬 후 가루에 섞어 체에 내려 쪄내기도 한다.

잣구리

잣구리는 찹쌀가루를 익반죽하여 누에고치 모양으로 만들어 잣가루를 묻힌
떡이다.

만드는 방법

01 찹쌀가루에 소금을 넣어 체에 친 다음 익반죽한다.

02 깨는 굵직하게 다지고 밤은 삶아 으깨 체에 내려 주어진
양념으로 각각 소를 만든다.

03 잣은 종이를 깔고 곱게 다진다.

04 ①의 반죽을 동전 크기로 떼어내고 속에 각각의 소를 넣어
누에고치 모양으로 도톰하게 빚는다.

05 빚은 것을 끓는 물에 넣었다가 동동 떠오르면 건져 물기를
빼고 떡에 잣가루를 골고루 묻혀 접시에 담아낸다.

재료와 분량

찹쌀가루 5컵(소금 1/2큰술)

소
깨 1/2컵(소금 1/6작은술, 설탕 2작은술),
밤 200g(소금 1/6작은술, 설탕 2작은술,
계핏가루 1/4작은술)

고물
잣 1컵

Tip

처음 만들었던 것보다 삶아낸 후에는 크기가 더 커지므로 만들 때 크기를 감안하여 빚는다. 잣은 고깔을 떼고 마른행주로
닦아 곱게 다져 잣가루로 만들어 쓴다. 이때 칼이 잘 들지 않으면 기름기가 배어나와 덩어리가 생기며 보슬보슬한 잣가루
를 얻기 어렵다. 밑의 종이는 기름이 배어나오는 대로 자주 갈아준다.

봉우리떡 (두텁떡, 합병, 혼돈병)

원래 이 떡은 궁중에서 전해 내려오는 떡으로, 두텁떡은 최근에 많이 불리는 이름이다. 어원은 '봉우리떡'이라고 하여 후병(厚餅), 혹은 합병(盒餅)이라고 한다. 후병은 편편히 썰어 먹는 떡이 아니라 도독하게 하나씩 먹는 떡이라는 뜻으로 두터울 후(厚)자가 붙은 것이며, 합병은 소를 넣고 뚜껑을 덮어 안치는 격이므로 그릇 중의 합과 같다는 뜻에서 붙여진 이름이다.

만드는 방법

01 찹쌀은 충분히 불려 가루로 빻아 체에 쳐서 간장과 설탕을 넣어 고루 비벼 체에 다시 두 번 내린다.

02 거피팥은 불려 씻어서 열이 오른 찜통에 30여 분 쪄서 뜨거울 때 설탕, 간장, 계핏가루를 넣어 방망이로 으깨면서 간을 한 다음 어레미에 치고 넓은 번철에 팥을 말리는 상태로 볶는다.

03 밤은 껍질을 벗겨 작은 조각으로 나누고 대추도 씨를 발라 작게 썰고 유자는 곱게 다져놓는다.

04 볶은 팥에 설탕과 꿀로 반죽하여 다진 유자와 유자청을 섞고 밤, 대추, 잣을 하나씩 섞어 떡에 넣을 소를 둥글납작하게 만든다.

05 시루나 찜통에 팥고물을 한 켜 깔고 그 위에 떡가루를 한 수저씩 드문드문 떠놓고 소를 가운데 하나씩 넣고 다시 떡가루를 한 수저 덮고 전체를 팥고물로 덮는다.

06 움푹 파인 곳에 먼저 안친 방법대로 떡을 안쳐서 30분 정도 센 불에서 찐다.

07 수저로 하나씩 떠내고 고물은 다시 어레미로 쳐서 쓴다.

재료와 분량

찹쌀가루 5컵, 거피팥 3컵

소
팥고물 1컵, 설탕 2큰술, 꿀 2큰술, 대추 1/4컵, 다진 유자 1큰술, 밤 1/4컵, 유자청 2큰술, 잣 1큰술, 계핏가루 1/2큰술

찹쌀가루 양념
찹쌀가루 5컵, 설탕 1/2컵, 간장 2큰술

팥고물 양념
팥 3컵, 간장 2큰술, 설탕 1컵, 계핏가루 1/2작은술

Tip

고물을 깔고 익반죽하여 경단처럼 만들어서 찌거나, 고물을 놓고 쌀가루를 한 수저씩 바닥에 깔고 속을 얹어 위에 다시 쌀가루를 덮고 고물을 올려 찌기도 한다. 쌀가루를 넣고 쪘을 때 흐트러진 것은 떠낼 때 모양을 다듬는다.

대추단자

단자(團子)라 하면 둥글둥글한 것이라고 풀이하지만 떡의 경우는 찹쌀가루로 만드는 물편류에 속한다. 궁중에서는 단자라는 말만 쓰고 민가에서는 주로 경단이라 한다.

만드는 방법

01 대추는 씨를 빼고 곱게 다진다.

02 고물로 쓰이는 밤과 대추는 곱게 채썰어 섞어 김 오른 찜통에 살짝 쪄낸다.

03 밤은 쪄내고 으깨서 계핏가루와 꿀을 섞어 막대모양으로 길게 만든다.

04 간 없이 빻아온 찹쌀가루에 ①의 다진 대추와 소금, 물(2큰술)을 고루 섞어 찜통에 젖은 행주를 깔고 쪄낸다.

05 ④가 날가루 없이 잘 쪄지면 소금물(물 1컵 · 소금 2작은술)을 묻히면서 치댄다.

06 도마 위에 꿀을 바르고 얇게 펴서 ③의 밤소를 넣고 돌돌 말아 4cm 길이로 자른다.

07 ⑥에 다시 꿀을 바르고 ②의 고물을 묻힌 다음 접시에 담아 낸다.

재료와 분량

찹쌀가루 2컵, 소금 1/2작은술, 대추 30g, 꿀 1큰술

고물
밤 5개, 대추 5개

소
밤 10개, 계핏가루 1작은술, 꿀 1큰술

소금물
물 1컵, 소금 2작은술

 Tip

대추를 돌려 깎아 씨를 빼내고 살만 말려 가루로 이용하면 입자가 훨씬 부드러우며 찹쌀가루가 식기 전에 치대야 모양이 제대로 난다.

주악

언뜻 보기에 생긴 모양이 조약돌처럼 생겼다 해서 '주악'이란 이름을 붙였다. 궁중에서는 '조악'으로 불렸다 한다. 주악은 순찹쌀가루 반죽에 대추, 깨, 다진 유자를 넣고 작은 송편 모양으로 빚어 기름에 튀겨낸 것으로 개성 주악은 찹쌀가루에 십분의 일 정도의 밀가루를 섞고 설탕, 술을 조금 넣어서 반죽을 하는데 큼직하게 만드는 것이 특징이다.

만드는 방법

01 찹쌀가루를 체에 쳐서 삼등분하여 각각 물을 들여 익반죽한다.

02 밤을 쪄서 체에 내린 것에 계핏가루와 꿀을 넣고 섞어 소를 만든다(깨, 대추 다진 것도 꿀을 섞어 소를 만든다).

03 ②의 각각 만든 밤소, 깨소, 대추소를 콩알만하게 빚는다.

04 ①에 ③의 소를 넣어 작은 송편처럼 빚어 기름에 튀겨서 집청하여 편의 웃기나 다과상에 쓴다.

재료와 분량

찹쌀가루 2컵, 튀김기름 1컵, 집청시럽 1/2컵

색
치자물 1작은술(물 1/2컵, 치자 2개), 쑥가루 1작은술, 오미자물 2작은술

소
밤고물 4큰술 · 계핏가루 1/4작은술 · 꿀 1큰술
깨가루 1/2컵 · 계핏가루 1/4작은술 · 꿀 1큰술
다진 대추 2큰술 · 계핏가루 1/8작은술 · 꿀 1/2큰술

Tip

주로 떡을 괼 때 웃기로 쓰이나 후식으로도 좋다. 찹쌀가루가 주재료이므로 잘 터져서 만들기가 힘들다. 최근에는 늘어지는 것을 방지하기 위하여 찹쌀가루에 밀가루나 멥쌀가루를 섞어 모양이 처지지 않게 하기도 한다. 물들이는 색에 따라 청주악, 황주악으로 부르기도 한다.

우메기

가을철 쌀 수확기에 주로 만드는 간식으로 2~3일간은 쉬 굳지 않는다. 이바지음식에 빠질 수 없는 것으로 큼직하게 만들어 긴 대꼬치로 끼워 세우고 위에 작게 만든 주악을 얹는다.

만드는 방법

01 찹쌀가루와 멥쌀가루를 합하여 소금을 넣고 체에 내린 다음 설탕을 섞어서 다시 한 번 내린다.

02 ①의 가루에 막걸리를 넣어 버물버물 섞은 다음 끓는 물을 넣어 끈기가 나게 오래 치댄다.

03 찹쌀반죽을 젖은 행주로 덮어 30분 정도 두었다가 지름 5cm, 두께 2cm로 둥글게 빚어 기름을 150℃로 덥혀서 빚은 우메기를 하나씩 서로 붙지 않게 조심하면서 서서히 넣어 노릇하게 지진다.

04 튀겨진 우메기를 건져서 기름을 빼고 집청꿀에 담갔다가 건진다.

05 대추를 작게 썰어 가운데 올리고 접시에 담는다.

재료와 분량

찹쌀가루 5컵, 멥쌀가루 1/2컵, 소금 2작은술, 설탕 1/2컵, 막걸리 1/2컵, 더운물 약 1½큰술, 대추 3개, 튀김기름 3컵

집청꿀
조청 1½컵

Tip

반죽은 막걸리로 하며 그 농도는 꼭꼭 뭉쳐지는 정도가 좋다. 모양을 둥글게 빚은 후 가운데를 엄지손가락으로 누르고 대추를 마름모형이나 둥글게 말아 잘라 부친다. 막걸리에 설탕을 조금 넣으면 발효가 더 빠르며 반죽 후 잠시 두었다 만들어 튀기면 좋다. 색을 너무 진하게 튀기면 집청시럽을 했을 때 더 진해지므로 시럽에 무칠 것을 감안하여 튀겨 낸다.

삼색매작과

매화 매(梅), 참새 작(雀)을 써서 마치 매화나무에 참새가 앉은 모습과 같다고 하여 매작과(梅雀菓)라 불렸다. 『조선무쌍신식요리제법』에서는 '매잡과(梅雜果)', 『시의전서』에서는 매작과라고 하였다. 그 외에 매잣과·매잡과(梅雜菓)·매엽과(梅葉菓)·타래과 등으로도 불린다.

만드는 방법

01 치자는 두들겨서 반을 갈라 따뜻한 물에 담가 거르고 시금 치는 다지거나 갈아서 물에 넣어 면보에 짜서 즙을 준비한 다.

02 생강은 껍질을 벗겨 강판에 갈아 즙을 낸다.

03 밀가루를 3등분하여 생강즙, 소금을 넣고 각각의 치자물, 시금치물, 물로 반죽하여 밀대로 밀어서 3장을 눌러놓는 다.

04 ③의 반죽을 5×2×0.2cm로 썰어 가운데 내천(川)자의 칼집 을 내고 한 번만 뒤집는다.

05 설탕은 물과 동량으로 넣어 중불에서 젓지 않고 서서히 끓 여서 반 정도 될 때까지 조린다.

06 잣은 고깔을 떼어 바닥에 종이를 깔고 잘 드는 칼로 보슬 보슬하게 다져놓는다.

07 기름의 온도를 150℃ 정도로 하여 매작과를 넣어 노릇하 게 튀겨 시럽에 담갔다가 건져서 접시에 담고 잣가루를 뿌 린다.

재료와 분량

밀가루 150g, 소금 1/3작은술, 생강 10g, 식용유 2컵,

시럽
백설탕 50g, 물 1/3컵

노란색(치자물)
치자 1개, 물 1/3컵

초록색(시금치물)
시금치 30g, 물 1/3컵

고명
잣(깐 것) 10개, 종이 1장

Tip
파슬리, 당근 등 다양한 식재료를 이용하여 색을 낼 수 있으며 반죽하였을 때보다 튀겨놓으면 색이 옅어지므로 감안하여 반죽을 한다.

모약과

모약과는 약과를 네모지게 만들어 튀겨낸 것으로 큰상을 괼 때 많이 쓰인다. 유밀과의 일종으로 약과의 약(藥)이란 이름은 꿀이 많이 들어가는 음식에 붙였다.

만드는 방법

01 밀가루를 체에 내린 다음, 참기름을 조금씩 넣으면서 손으로 고루 비벼 다시 한 번 체에 내린다.

02 꿀과 청주, 소금, 생강즙, 흰 후춧가루를 모두 혼합하여 고루 섞은 후 밀가루를 넣고 뭉치듯이 가볍게 반죽하여 두께 2cm, 가로 · 세로 4cm 크기로 썬다.

03 ②에 바늘침을 준다.

04 썰어놓은 모약과를 기름에 하나씩 넣고 갈색이 나도록 140℃ 정도의 중불 이하에서 서서히 튀긴다.

05 집청꿀은 꿀에 유자청을 넣고 계핏가루를 섞는다.

06 튀겨낸 약과는 기름을 빼고 집청한 뒤 건져 잣가루를 뿌려낸다.

재료와 분량

밀가루(박력분) 2컵(200g), 참기름 3큰술, 꿀 3큰술, 청주 2큰술, 소금 1/4작은술, 생강즙 1작은술, 흰 후춧가루 1/4작은술, 계핏가루 1/4작은술, 잣가루 2큰술, 튀김기름 3컵

집청
꿀 1컵, 계핏가루 1/4작은술, 유자청 1큰술

Tip

약과에 바늘침을 주면 속까지 잘 튀겨진다. 약과는 밀가루에 기름이 들어가고 꿀이나 술로 반죽을 하므로 튀길 때 조심해야 한다. 온도가 낮으면 그대로 풀어질 염려가 있으며 온도가 높으면 속이 익기도 전에 겉이 타버린다. 또한 집청꿀을 만들 때 조청 5컵에 물 1/2컵을 넣고 잠깐 끓여 유자청을 섞어 만들기도 한다.

조란

대추살을 곱게 다져 설탕 등을 넣고 조린 것으로 꿀과 계핏가루를 섞어 대추 모양으로 만든다.

만드는 방법

01 대추는 깨끗이 씻어 찜통에 살짝 쪄낸다.

02 ①의 대추는 씨를 발라내고 곱게 다져놓는다.

03 ②에 꿀, 설탕, 계핏가루 등을 넣고 다시 대추 모양으로 빚는다.

04 ③의 양 끝에 잣을 끼운다.

재료와 분량

대추 200g, 실백 3큰술

양념
꿀 40g, 설탕 1½큰술, 소금 1/5작은술,
계핏가루 1/5작은술

Tip

대추를 조릴 때는 나무주걱으로 젓다가 단단한 느낌이 들면서 자체가 한 덩어리로 뭉쳐지며 젓기가 힘들다고 느껴질 때까지 조린다. 조려진 상태의 대추에 수분기가 많으면 꿀을 덜 넣고 조린다. 잣은 양 끝에 끼우거나 잣가루를 만들어 굴리기도 한다.

강란(생란)

생강은 독특한 매운맛과 향이 있으며 기침을 멎게 하고 위의 기능을 조절하는 효과가 있다. 말린 생강은 신진대사를 높여 몸을 따뜻하게 하고, 매운맛은 진저롤(gingerol)과 쇼가올(sogaol)에 의한 것으로 살균효과가 강하다.

만드는 방법

01 생강은 껍질을 벗기고 얇게 저미서 믹서에 곱게 갈아 고운 체에 건지를 걸러 물에 헹구어 매운맛을 뺀다. 물은 버리지 말고 받아 가만히 두면 생강녹말이 가라앉는다.

02 냄비에 생강 건지를 넣고 설탕과 물을 붓고 중불에 서서히 조린다.

03 생강이 거의 다 조려졌을 때 꿀(물엿)을 넣고 생강녹말 1작은술을 물 1작은술에 타서 섞고 끓여 끈기가 있고 투명하게 되면 불을 끄고 차게 식힌다.

04 ④의 식힌 생강을 지름 2cm 정도의 세 뿔 난 생강 모양으로 빚는다.

※강란에 잣가루 고물을 묻히기도 한다.

재료와 분량

껍질 벗긴 생강 200g, 설탕 100g, 물 2/3컵, 꿀(물엿) 4큰술, 잣가루 4큰술

Tip

밑이 두꺼운 냄비에 생강 건지를 넣고 나무주걱으로 저으며 조리는 것이 좋다. 끓이는 과정에서 생기는 거품은 걷어내면서 조려야 말끔하다. 설탕은 생강분량의 반 정도로 계량하면 좋다. 설탕만으로 조리면 식었을 때 설탕이 다시 결정체로 변해서 버석버석해지므로 반드시 꿀을 넣는다. 생강녹말은 설탕을 넣고 조린 뒤 마지막에 넣어야 한다.

율란

예전에는 주로 말린 밤(황률)을 가루로 내어 사용하였으나 최근에는 날밤을 삶아서 어레미에 내리거나 절구에 찧어 계핏가루와 꿀로 반죽해서 다시 밤 모양으로 빚어 잣가루를 무치거나 계핏가루를 묻혀 모양을 낸다.

만드는 방법

01 밤은 씻어 물을 넉넉히 붓고 삶다가 거의 삶아지면 남은 물을 따라내고 불을 약하게 하여 잠깐 뜸을 들인다.

02 잘 삶아진 밤은 뜨거울 때 속껍질까지 말끔히 벗겨서 어레미에 내리거나 절구에 찧는다.

03 ②의 밤에 계핏가루와 꿀을 섞어 고루 주무른 다음 약한 불에서 숟가락으로 으깬다.

04 ③의 밤 반죽을 떼어 동그랗게 굴려 밤 모양으로 빚어 밑 동부분에 꿀을 조금 바르고 계핏가루나 잣가루를 묻힌다.

재료와 분량

밤 300g, 계핏가루 1큰술, 꿀 3큰술, 잣 가루 3큰술

Tip

생밤을 물기 없이 삶아야 만들기 쉽고 볼품이 있다. 반죽할 때도 반죽의 정도를 보아가며 꿀을 조금씩 넣어 반죽이 너무 질어지지 않게 한다.

밤초

초(炒)라는 말이 들어가는 숙실과로는 밤초와 대추초가 가장 유명하다. 초는 재료를 통째로 익혀서 모양대로 꿀에 조린 것을 말한다. 특히 밤초는 밤의 색이 변하지 않게 말갛게 조리는 것이 요령이다.

만드는 방법

01 밤은 껍질을 벗겨놓고 물에 담가둔다.

02 설탕물에 날밤을 넣고 약불에서 서서히 조려 국물이 없을 정도가 되면 꿀을 넣어 다시 조린다.

03 그릇에 예쁘게 담는다.

※고명으로 잣가루를 뿌리기도 한다.

재료와 분량

피밤 200g, 설탕 50g, 물 1컵, 꿀(물엿) 2큰술, 잣가루 1큰술

Tip

구입 시 깐 밤보다는 피밤을 구입하여 사용하는 게 좋다. 또한 밤은 껍질을 벗겨 제 껍질이 있는 물에 담가두어야 빛깔이 변하지 않으며, 피밤은 껍질을 벗기면 폐기율이 50% 정도가 되므로 폐기율을 감안하여 설탕량을 계량한다. 설탕을 처음부터 다 넣지 말고 조금씩 나누어가며 조려야 윤기가 나며 기호에 따라 거의 조렸을 때 계핏가루를 넣기도 한다.

대추초

항상 쌍둥이처럼 두 가지를 만들어 각색정과나 율란, 조란, 생란 등 여러 가지 숙실과와 옆옆이 담아 잔칫상을 장식하는데, 대추초도 태우지 말고 윤이 나게 만든다.

만드는 방법

01 대추는 가볍게 씻어 물기를 제거하고 한쪽을 반으로 갈라 펼쳐서 씨를 뺀다.

02 대추 안쪽에 꿀을 바르고 잣을 4~5개 넣어 제 모양대로 오무린다.

03 냄비에 분량의 꿀과 계핏가루를 넣고 약한 불에서 대추를 넣고 고루 조린다.

재료와 분량

대추 100g, 꿀 3큰술, 잣 2큰술, 계핏가루 1/2큰술

Tip
참깨의 껍질을 벗겨 하얗게 실깨로 만든 후 볶아 대추초를 굴려내면 고급스런 모양으로 서로 달라붙지 않아 좋다.

연근정과

정과는 식물의 뿌리나 열매를 꿀이나 물엿으로 쫄깃쫄깃하고 달콤하게 조린 것이다. 잔치 때 꼭 만드는 조과로 보통 한 가지만 만들지 않고 여러 가지 재료를 각각 달게 조려서 완전히 식힌 후 꾸득꾸득해지면 한 접시에 옆옆이 올려 담는다.

만드는 방법

01 연근은 지름 4cm 정도의 가는 것으로 골라서 껍질을 벗기고 두께 0.7cm로 얇게 저며서 끓는 물에 식초를 넣어 잠깐 데쳐서 찬물에 헹구어 건진다.

02 데친 연근을 냄비에 담고 조림시럽을 넣어 처음에는 센 불에 올리고 끓기 시작하면 불을 약하게 하여 서서히 뚜껑을 열어놓은 채 조리며 끓이는 도중에 위에 떠오르는 거품을 말끔히 걷어낸다.

03 설탕물이 거의 졸아들면 꿀을 넣어 위아래를 섞으면서 잠시 더 윤기가 나도록 조린다.

04 충분히 조려지면 굵은 체나 망에 하나씩 건져서 떼어놓아 식혀서 그릇에 담는다.

재료와 분량

연근 200g, 물 2컵, 식초 1큰술, 꿀 2큰술

시럽
설탕 100g, 소금 1/2작은술, 물 3컵

Tip

연근의 테두리를 중심으로 구멍 난 부분을 잘라내면 연근꽃 모양이 난다.
특히 조릴 때 오미자, 녹차, 치자 등의 여러 가지 색을 넣어 조려내면 더욱 화려하다.

도라지 정과

도라지의 쓴맛은 알칼로이드성분으로 수용성이므로 물에 담가 우려낸다. 섬유소가 2.4% 정도 함유되어 있고 칼슘이 많아 대표적인 알칼리성 식품이다.

만드는 방법

01 통도라지를 4~5cm 길이로 잘라서 굵은 것은 반이나 4등분 하여 끓는 물에 소금을 넣고 살짝 삶는다.

02 냄비에 설탕, 물, 소금, 도라지를 넣고 불을 약하게 하여 서서히 조리고 도중에 생기는 거품은 걷어낸다.

03 거의 조려졌을 때 물엿과 꿀을 넣어 노릇하고 윤기가 나게 다시 조린다.

04 윤기가 나고 투명하게 조려졌으면 꺼내어 설탕물을 받쳐서 식힌 다음 그릇에 담는다.

재료와 분량

통도라지(삶아서) 100g, 소금 1/2작은술, 물엿 2큰술, 꿀 1큰술

시럽
설탕 50g, 소금 1/4작은술, 물 1컵

Tip

도라지를 손질할 때 껍질을 매끄럽게 벗기지 않으면 조리는 과정에서 풀어져 모양이 볼품없다. 통도라지는 가급적 몸체 두께가 같은 것으로 골라서 요리하는 것이 좋으며, 두께가 다르면 익는 시간이 서로 다르기 때문에 균일한 색이 나오지 않는다.

과편

과편은 과일즙으로 쑨 일종의 묵으로, 맛이 달콤해서 식사를 마무리하는 후식이나 어린이 간식으로 좋다.

만드는 방법

01 포도는 알알이 떼어 깨끗이 씻어 건진 후 분량의 물을 붓고 끓여 겹체에 거른다.

02 ①의 식힌 과즙 1컵에 설탕과 녹말가루를 넣어 고루 잘 섞어놓는다.

03 나머지 1컵의 포도물을 끓이다가 끓기 시작하면 ②의 녹말물을 천천히 붓고 나무주걱으로 저어가며 중불에서 끓인다.

04 액체가 투명해지고 윤기와 끈기가 생기면 사기접시나 쟁반에 부어 상온에서 식힌다.

05 ④가 굳으면 4×2×0.7cm 크기로 잘라 접시에 담아 낸다.
※오미자와 오렌지도 즙을 내어 같은 조리법으로 하여 4×2×0.7cm로 썰어 색색이 담아 낸다.

재료와 분량

포도 200g, 물 2컵(포도물 2컵),
설탕 80g, 녹말 40g, 소금 1/6작은술

Tip

녹말가루와 과즙의 비율은 1 : 6으로 하되 오래 저으면 물이 증발하므로 씹는 맛이 더 쫄깃해진다. 녹말은 감자전분보다는 녹두녹말이나 옥수수녹말을 사용해야 색이 곱고 투명하다.

계강과

생강 간 것을 그대로 쓰기보다 물에 담갔다가 쓰면 생강 특유의 쓴맛이 조금
은 제거된다.

만드는 방법

01 생강은 껍질을 벗겨 곱게 다진다.

02 찹쌀가루, 메밀가루에 다진 생강, 설탕, 계핏가루를 넣어
더운물로 송편 반죽정도로 하여 세 뿔 난 생강 모양으로
빚어 찜통에 쪄낸다.

03 ②가 다 익으면 꺼내어 꿀을 바르고 잣가루에 묻힌다(찐
것을 다시 번철에 놓고 지져도 맛있다).

재료와 분량

메밀가루 1/2컵, 찹쌀가루 2/3컵, 생강
20g, 소금 1/2작은술, 계핏가루 1/2작은
술, 설탕 1/4컵, 잣가루 3큰술, 꿀 2큰술,
끓는 물 1~2큰술

Tip

계피와 생강을 넣는다고 하여 '계강과'라 하며 모양을 만들어 찜통에 찌거나, 찐 것을 지져내기도 한다.
반죽이 너무 질면 뿔모양이 잘 나지 않으므로 주의한다.

수정과

정초에 만드는 화채인 수정과는 계피, 생강을 각각 달인 물을 알맞게 섞어 설탕을 타서 차게 식힌 후 곶감, 배 등의 건지를 띄운 것이다.

만드는 방법

01 생강은 깨끗이 씻어서 얇게 저며, 물 3컵을 붓고 향이 우러나도록 은은하게 끓인다.

02 통계피도 깨끗이 씻어 나머지 물을 넣고 끓여 체에 거른다.

03 ①, ②를 섞어 설탕을 넣고 (설탕이 녹을 정도로) 끓여 식힌다.

04 곶감은 펼쳐서 씨를 빼고 간 호두를 넣어 만 다음 1cm 두께로 썰어 준비한다.

05 ③을 차게 식혀 곶감쌈과 실백을 고명으로 하여 그릇에 담아낸다.

재료와 분량

통계피 30g, 생강 50g, 물 6컵, 설탕 1컵, 곶감(주머니) 5개, 호두 5개, 잣 10g

Tip

생강과 계피를 같이 넣고 끓이면 서로 맛이 상쇄되어 싱거워지므로 각각 따로 끓여서 각각의 향이 충분히 우러나도록 한 뒤 겹체에 거른 다음 함께 섞어야 자체의 향과 맛을 살릴 수 있다. 곶감은 주머니 곶감으로 고르되 너무 마르지 않고 표면에 하얀 분가루가 많이 생긴 것을 구입하면 좋다.

식혜

식혜를 끓일 때 건고추를 넣으면 엿기름의 잡내를 방지할 수 있으며 유자
청·생강 등을 넣으면 한결 맛이 상큼하다.

만드는 방법

01 따뜻한 물에 엿기름가루를 손으로 주물러서 체에 걸러
(2~3회 반복) 앙금이 가라앉으면 맑은 웃물을 가만히 따라
내어 엿기름물을 준비한다.

02 멥쌀을 씻어 건져 찜통에 고슬고슬하게 쪄서 엿기름물에
섞고, 60~65℃에 4~5시간쯤 둔다.

03 밥알이 4~5개 정도 뜨면 밥알을 건져 찬물에 담가 단물이
완전히 빠지도록 헹구어 건져서 물기를 뺀다.

04 밥알을 건져낸 식혜물에 설탕과 생강편을 넣고 (이때 끓
이면서 떠오르는 거품을 말끔히 걷어내고) 한소끔 끓여낸
다.

05 ④의 식혜국물을 시원하게 식혀서 그릇에 담고 밥알과 잣
을 띄워낸다.

재료와 분량

엿기름 4컵, 멥쌀 3컵, 물 20컵,
설탕 3컵, 생강 10g, 잣 2큰술

Tip

엿기름물에 설탕을 넣고 밥을 삭히면 넣지 않았을 때보다 밥이 빨리 삭는다. 밥알을 헹구어 따로 두지 않고 함께 끓인 것
을 '감주(단술)'라고 한다.

오미자화채

오미자는 신맛, 쓴맛, 짠맛, 단맛, 매운맛의 5가지 맛을 가지고 있는 여름철 음료이다. 오미자를 불릴 때 찬물에 불려야 맛이 잘 우러나며, 간혹 뜨거운 물로 불리면 한약 냄새가 나므로 유의한다.

만드는 방법

01 오미자는 씻어서 물 2컵을 넣고 하룻밤 우려내어 얇은 천에 걸러낸 후 여기에 물 3컵을 넣고 설탕을 타서 오미자 국물을 만든다.

02 실백은 고깔을 따서 준비한다.

03 ①의 물을 그릇에 담고 ②의 고명을 올린다.

04 배는 껍질을 벗겨 얇게 저며 화형으로 찍어내어 쓰거나 채를 곱게 썰어 고명으로 띄우기도 한다.

재료와 분량

오미자 1/3컵(30g), 잣 1작은술, 물 5~6컵, 배 1/4개, 설탕 1컵, 소금 1/8작은술

Tip

오미자는 붉은색의 햇것을 선택해야 색이 잘 우러나며 물과 오미자의 비율은 10 : 1로 하는 것이 맛이 좋다. 오미자는 2~3회 우려서 첫 우려낸 물과 섞어 쓰면 한층 더 맛이 부드러우며 신맛이 나는 국물에 건지는 시지 않은 과일을 띄우는 것이 원칙이다.

떡수단

떡수단(水團)은 '흰떡수단'이라고도 하며, 음력 유월 보름인 유두절의 절식 풍습으로 수교위(만두)와 함께 먹기도 하는 세시음식이다. 『조선무쌍신식요리제법』에는 '수단(水團)'으로 기록되어 있다.

만드는 방법

01 쌀가루는 소금을 넣고 체에 내려 물을 버무러서 열이 오른 찜통에서 20여 분 쪄낸다.

02 찐 떡을 방망이로 차지게 쳐서 직경 1cm 정도가 되도록 밀어서 가래떡을 만든다.

03 ②의 떡을 길이 1cm 정도로 둥글게 썬다.

04 ③의 떡을 둥글게 만들어 녹말가루를 묻힌 후 끓는 물에 삶아서 찬물에 헹구어 물기를 뺀다.

05 물에 꿀을 넣어 맛을 낸 다음 ④의 떡을 넣고 잣을 띄워낸다.

재료와 분량

쌀가루 1컵(소금 약간, 물 2큰술), 녹말가루 2큰술, 꿀 3큰술, 잣 1작은술

> **Tip**
> 떡을 색색이 만들어 띄우면 화려하다.
> 떡에 전분을 충분히 묻혀서 털어낸 후 수분을 모두 흡수한 다음 끓는 물에 넣어야 모양이 매끄러우며 전분을 2~3번 정도 묻히면 윤기가 나서 좋다.

원소병

원소(元宵)는 정월 보름달 저녁이라는 뜻이므로 이날 저녁에 먹는 떡이라 해석하게 되고, 원소병(圓小餅)은 작고 동그란 떡이라 해석된다. 이 두 가지 이름만 보아서는 음료와 관련된 것이라고 생각할 수 없고 또 무엇으로 만든 떡인지도 알 수 없다. 그러나 조선왕조에 전래된 원소병이라 하면 떡수단과 동격인 음료에 속한다는 것을 알 수 있다.

만드는 방법

01 찹쌀가루 1컵을 4등분한다.

02 치자는 씻어 쪼개서 따뜻한 물 1/2컵을 부어 우려내고 면보에 걸러 노란색의 물을 만든다.

03 잘 씻은 쑥은 찧어서 생즙을 내어 녹색의 즙을 만든다.

04 오미자는 찬물 1컵에 하룻밤 담가두었다가 고운체에 걸러 붉은색을 만든다.

05 손질한 곶감과 유자청 건지를 곱게 다져 섞어서 소를 만든다.

06 4등분하여 둔 찹쌀가루를 각각 앞에서 만든 세 가지 즙과 끓는 설탕물로 익반죽하여 노랑, 빨강, 초록, 흰색을 낸다.

07 반죽을 은행알 크기만큼씩 떼어 그 속에 소와 잣 1~2알을 넣고 뭉쳐 동그랗게 빚는다.

08 반죽하여 빚은 것에 녹두녹말을 씌워 끓는 물에 삶아내고 찬물에 담갔다가 건진다.

09 ⑧을 화채그릇에 담고, 꿀과 끓여 식힌 설탕물을 부은 다음 잣을 띄워 낸다.

재료와 분량

찹쌀가루 1컵, 치자 1개, 쑥 30g, 오미자 1/3컵, 녹두녹말 3큰술

소
곶감 2개, 유자청건지 1큰술

꿀물
물 4컵, 설탕 1컵, 꿀 1큰술, 잣 1큰술

Tip

원소병은 정초의 시절식으로 찹쌀가루에 갖가지 색을 넣고 반죽하여 소를 넣고 빚어 녹말가루를 씌워 삶아내고 오미자국이나 꿀물에 띄워 차게 해서 먹는 음료이다. 원소병의 색이 은은하면서 고우려면 찹쌀가루에 색을 아주 연하게 들여야 한다.

유자차

아래 방법 이외에 꽃송이 유자차로도 만들 수 있다. 과피를 그릇으로 이용하고 속살에 석이채, 대추채, 석류알 등이 포함되기 때문에 눈을 즐겁게 해준다.

재료와 분량

유자 5개, 설탕 2컵, 실백 1작은술

만드는 방법

01 유자를 깨끗하게 씻어 물기를 닦은 다음 4등분하여 속살을 꺼내고 씨는 제거한다.

02 과피는 3×0.1×0.1cm로 곱게 채썬다.

03 과피 썬 것과 속살 떼어낸 것에 각각 설탕을 넉넉히 넣고 고루 버무려 속살은 병 밑에 깔고 위에는 과피를 눌러 담은 다음 설탕으로 덮는다.

04 일주일 정도 밀봉하여 보관하면 맑은 청이 생긴다.

05 끓는 물에 유자청과 유자편을 넣고 잣을 띄워 낸다.

Tip

유자는 늦가을부터 초겨울까지 남해에서 나는 것이 가장 좋다. 모양은 귤 같으며 유자의 겉껍질과 속껍질을 따로 분류하여 껍질은 얇게 채썰고 속은 겉에 나온 씨만 빼서 설탕에 재워 설탕이 녹을 때까지 둔다.
잔에 띄울 때 배채와 석류알을 함께 색색이 담으면 맛과 색에서 더없이 훌륭하다.

포도화채

포도 표면의 하얀 분이 많을수록 달고 맛있으며 위쪽이 가장 달고 아래쪽으로 갈수록 신맛이 강하다. 특히 떫은맛은 포도에 들어 있는 타닌 때문이며 껍질부에는 펙틴류가 들어 있어 질 좋은 젤리를 만들 수 있다.

재료와 분량

포도 300g, 물 5컵, 백설탕 1/2컵, 배 1/4쪽, 실백 1작은술

만드는 방법

01 포도는 알알이 떼어 씻어 건진다.

02 적량의 물과 포도를 넣어 10여 분간 끓인 다음 면보에 거른다.

03 ②가 따뜻할 때 설탕을 넣고 간을 맞춘 후 차게 식힌다.

04 배는 2×0.1×0.1cm로 채썰고 잣은 고깔을 떼어놓는다.

05 ③에 ④와 실백을 띄워 그릇에 담아낸다.

Tip

포도를 대량으로 끓일 때에는 알을 떼지 않고 그대로 씻어 건진 다음에 끓인다.
제철에 싸게 구입한 잘 익은 포도, 딸기 등을 씻어서 냉동고에 봉지봉지 저장하고, 필요시 꺼내 냉동상태로 물에 끓여 체에 걸러서 차게 식힌 후 찻잔에 담고 배, 딸기, 실백 등을 고명으로 올리면 계절음료로 좋다.

오이선

궁중음식의 하나였던 오이선은 아삭아삭하고 산뜻한 맛으로 고기음식을 낼 때 곁들이면 느끼하지 않아서 좋다.

재료와 분량

오이 200g, 소고기 30g, 건표고버섯(중) 1개(10g), 당근 10g, 달걀 1개, 소금 1/2작은술

쇠고기 · 버섯 양념
간장 1/2작은술, 설탕 1/4작은술, 파 1/4작은술, 마늘 1/4작은술, 참기름 1/4작은술, 깨소금 1/4작은술, 후춧가루 1/16작은술

전체 양념
참기름 1/4작은술, 깨소금 1/4작은술

단촛물
식초 2큰술, 설탕 2큰술, 소금 2작은술, 물 2큰술, 발효겨자 1작은술, 레몬 1/4개

만드는 방법

01 오이는 손질하고 씻어 길이로 반을 쪼갠 후 1cm 간격으로 세 번 칼집을 어슷하게 넣고 네 번째 자르고 절인 다음 물기를 짠다.

02 소고기, 당근은 1×0.1×0.1cm로 채썰어 양념하여 놓는다.

03 건표고버섯은 따뜻한 물에 불려 기둥을 따내고 1×0.1×0.1cm로 채썰어 쇠고기 양념에 섞는다.

04 달걀은 황, 백으로 나누어 지단을 부친 후 당근과 같은 길이로 채썬다.

05 열이 오른 팬에 기름을 두르고 ①, ②, ③을 각각 볶아 식혀 놓는다.

06 ⑤의 부재료를 섞어 양념하고 ④를 섞어 볶은 오이의 칼집 사이에 넣는다.

07 접시에 보기 좋게 담고 먹기 직전 단촛물을 끼얹어 낸다.

Tip
오이는 손질하여 살짝 볶아 차게 식혀서 단촛물을 끼얹으면 새콤달콤해서 전채(前菜)음식이나 술안주 등으로도 훌륭하다.

어선

광어, 대구, 민어 등의 흰살 생선을 얇고 크게 포를 떠서 여러 가지 고명으로 소를 채워 말아 쪄낸 음식으로 여름철 주안상에 잘 어울린다.

재료와 분량

흰살 생선 200g(소금 1작은술, 흰 후춧가루 1/16작은술, 녹말가루 1/4컵), 오이 60g, 미나리 20g, 석이버섯 2장, 달걀 1개, 참기름 1/4작은술, 후춧가루 1/16작은술, 당근 30g, 건표고버섯 2장, 다홍고추 1/4개

양념
소금 1/2작은술, 참기름 1/4작은술, 깨소금 1/2작은술

겨자장
간장 1큰술, 식초 1큰술, 물 1큰술, 발효겨자 1작은술, 설탕 1/2작은술

만드는 방법

01 흰살 생선은 18×11×0.3cm 크기로 포를 뜬 다음 소금, 흰 후춧가루를 뿌려놓는다.

02 오이는 길이 5cm로 썰어 돌려깎기하여 두께 0.1cm로 채썰고 당근도 같은 크기로 채썬다.

03 미나리는 깨끗하게 손질하고 다홍고추는 반으로 갈라 씨를 빼고 곱게 채썬다.

04 표고버섯, 석이버섯은 따뜻한 물에 불려 손질한 후 곱게 채썰고 달걀은 황 · 백 지단을 부친 다음 채썬다.

05 ②~④는 각각 볶고, 미나리는 파랗게 데쳐 양념한다.

06 김발을 펴고 면보를 깐 다음 녹말가루를 흠뻑 뿌린 뒤 ①의 생선살을 잘 편다(크기가 작을 경우 결을 맞추어 몇 개 겹쳐 연결한다).

07 ⑥에 다시 녹말가루를 고루 뿌리고 ⑤를 길게 가지런히 꼭꼭 눌러 놓고 김밥 말듯이 누르면서 만다.

08 김이 오른 찜통에 ⑦을 넣고 8분간 쪄낸 다음 식혀서 썰어 접시에 담아내고 겨자장을 곁들인다.

Tip
어선을 찔 때 지나치게 오래 찌면 속 재료의 색이 변하여 보기에 좋지 않다. 선명하게 잘 쪄진 어선은 식힌 후에 썰어야 단면이 매끈하다.

북어구이

생태는 갓 잡아 올린 싱싱한 명태로, 가공방법에 따라 북어, 황태, 노가리, 코다리, 동태 등으로 불린다.

재료와 분량

북어포(황태) 1마리

유장 참기름 1작은술, 간장 1/2작은술

양념장 고추장 2큰술, 설탕 2작은술, 파 2작은술, 마늘 1작은술, 깨소금 1작은술, 참기름 1작은술, 후춧가루 1/16작은술

만드는 방법

01 북어포는 물에 잠깐 불려 물기를 눌러 짠다.
02 지느러미, 머리, 꼬리를 떼어내고 5cm 길이로 썬 다음, 껍질 쪽에 대각선으로 칼집을 넣는다.
03 손질한 북어의 앞뒤로 유장을 고루 바른다.
04 고추장에 파, 마늘 등 갖은 양념을 넣어 양념장을 만든다.
05 석쇠를 달군 후 기름을 바르고 유장에 재운 북어를 애벌구이한다.
06 애벌구이한 북어에 양념장을 고루 바르고 타지 않게 굽는다.

Tip

건어물을 불릴 때 쌀뜨물을 이용하면 좋다. 맹물보다는 점도가 높아 마른 생선이 함유한 지미성분이 어느 정도 빠져나가는 것을 막을 수 있기 때문이다. 표면의 떫은 맛은 쌀뜨물이 흡착해 버린다.

장산적

호두장과와 함께 이바지음식의 밑반찬으로 많이 이용된다.

재료와 분량

쇠고기 150g, 두부 50g, 실백 1작은술, 종이 1장, 식용유 1작은술

쇠고기 · 두부 양념 파 2작은술, 마늘 1작은술, 소금 1/3작은술, 설탕 1/8작은술, 참기름 1작은술, 깨소금 2작은술, 후춧가루 1/16작은술

조림장 3큰술 간장 3큰술, 설탕 2작은술, 물 3큰술, 파 1/3뿌리, 마늘 1톨, 생강 1/3톨

만드는 방법

01 쇠고기는 곱게 다지고 두부는 으깨어 거즈에 싸서 물기를 제거하고 고기와 고루 섞는다.
02 ①에 갖은 양념을 하여 끈기가 나도록 치댄다.
03 양념한 고기는 두께 0.4cm로 편편하게 반대기를 지어놓는다.
04 석쇠를 달군 다음 기름을 바르고 ③을 타지 않게 굽는다.
05 ④를 2×2×0.5cm로 썰어놓는다.
06 조림장 재료를 넣고 끓여 체에 걸러서 ⑤를 가볍게 조린다.
07 실백은 종이를 깔고 잘 드는 칼로 곱게 다진다.
08 ⑥을 접시에 담고 잣가루를 뿌린다.

Tip

섭산적의 양념을 약하게 하여 자른 후 간장에 조려낸 것이 '장산적'으로 오래 보관해 두고 먹으려면 짭짤하게 조려야 좋다.

오징어술방울구이

다리가 10개인 오징어의 종류로는 갑오징어, 무늬오징어, 화살오징어 등이 있다. 특히 아미노산 중 타우린이 다른 어류에 비해 많이 함유되어 있다.

재료와 분량

오징어 1마리

양념 고추장 고추장 2큰술, 간장 1/4작은술, 고춧가루 1작은술, 물엿 1큰술, 설탕 1작은술, 마늘 1작은술, 파 2작은술, 깨소금 2작은술, 참기름 1작은술, 후춧가루 1/16작은술

만드는 방법

01 오징어는 반으로 갈라 껍질과 내장을 손질한 후 깨끗이 씻는다.
02 손질한 오징어 안쪽에 대각선으로 0.3cm씩 가로세로로 겹치게 칼집을 넣어 4×3cm 크기로 잘라 양념 고추장을 발라 굽는다.
03 구운 오징어를 그릇에 담아낸다.

Tip

오징어를 손질할 때에는 오징어 몸체 안쪽의 내장을 제거하고 껍질을 벗긴 후 칼집을 넣을 때에는 반드시 안쪽에 대각선 방향의 사선으로 칼집을 넣어야 요리했을 때 질기지 않으며 익혔을 때 솔방울 모양이 나온다.

칠보편포

다진 고기를 갖은 양념하여 둥글게 만든 다음 실백 일곱 개를 꽂아서 만든 보석이라는 뜻을 가지고 있다.

재료와 분량

쇠고기(우둔) 200g, 간장 1큰술, 소금 1/4작은술, 설탕 1큰술, 마늘 1/2작은술, 생강즙 1/4작은술, 후춧가루 1/16작은술, 실백 2큰술

만드는 방법

01 우둔은 기름기 없이 발라내고 곱게 다져서 물기를 제거해 놓는다.

02 ①의 고기는 준비된 양념을 넣고 치댄다.

03 ②를 지름 2cm, 두께 0.3cm 크기로 빚어서 실백 7알을 꽂는다.

04 바람이 잘 통하는 곳에서 모양을 다듬어 가면서 말린다.

05 ④에 참기름을 발라 잠깐 구워 그릇에 담는다.

매듭자반

건 다시마를 그대로 매듭을 지으면 부서진다. 그러므로 축축한 행주로 다시마를 문질러 펴서 길이 8cm, 너비 0.5cm 크기로 썰어 리본모양으로 묶은 뒤 가운데 잣을 끼워 튀겨서 설탕을 뿌린다.

재료와 분량

다시마 1장(20×20cm), 잣 1.5큰술, 설탕 1작은술, 기름 1컵

만드는 방법

01 다시마는 굵은 부분으로 골라 젖은 수건으로 닦아낸 후 8× 0.5cm로 자르고, 양끝을 리본처럼 오린다.

02 ①을 한 줄씩 매듭을 짓고, 매듭 사이에 잣을 넣은 후 빠지지 않도록 묶는다.

03 열이 오른 기름(140℃)에 ②를 넣어 기름 위로 떠오르면 바로 건져서 한지 위에 놓고 기름을 뺀다.

04 ③이 뜨거울 때 설탕을 뿌려 그릇에 담는다.

Tip

너무 햇빛이 강한 날에 말리는 것보다 바람이 잘 통하는 서늘한 곳에서 말려야 균열이 덜 생기며, 편포를 만들어 잣을 박고 1차 말린 후 편포가 완전히 마르기 전에 잣을 꼭꼭 눌러 빠지지 않도록 만져준다.

Tip

다시마 표면에 있는 하얀 분은 감칠맛 성분으로 흰 가루분이 많을수록 상(上)품이다. 다시마의 두께가 다르면 튀겨지는 온도가 다르므로 가는 것은 가는 것대로, 두꺼운 것은 두꺼운 것끼리 튀겨야 고르게 잘 튀겨진다.

대추편포

고기를 양념하여 대추 모양으로 만드는 것으로 완전히 마르기 전에 모양을 다듬는다.

재료와 분량

우둔 200g, 간장 1큰술, 소금 1/4작은술, 설탕 1큰술, 마늘 1/2작은술, 생강즙 1/4작은술, 후춧가루 1/16작은술, 실백 2큰술

만드는 방법

01 쇠고기(우둔)는 기름기 없는 것으로 곱게 다져서 물기를 제거해 놓는다.

02 ①의 고기는 준비된 양념으로 섞어서 고루 치댄다.

03 ②를 지름 1cm, 길이 2cm 정도의 대추 모양으로 빚는다.

04 양쪽 끝에 실백을 하나씩 박는다.

05 바람이 잘 통하는 곳에서 모양을 다듬어가면서 말린다.

06 ⑤에 참기름을 발라 잠깐 구워 접시에 보기 좋게 담는다.

Tip

대추편포는 오래 보관해 두고 먹는 저장식으로, 양념할 때 마늘, 참기름을 많이 넣으면 찌든 냄새가 나므로 가능한 향신양념을 많이 넣지 않고 만드는 것이 좋으며 참기름은 먹기 직전에 발라 구우면 더 좋다.

은행꼬치

은행은 색깔이 화려해서 각종 요리의 고명으로 많이 이용된다. 열이 오른 팬에 기름을 두르고 볶아 속껍질이 반으로 갈라지면 소금을 뿌리고 뜨거울 때 거즈로 비벼 껍질을 벗겨야 깨끗하다.

재료와 분량

깐 은행 50g, 기름 1큰술, 잣 1작은술, 색요지 15개

만드는 방법

01 열이 오른 팬에 기름을 두르고 은행을 볶다가 파랗게 익으면 거즈에 소금을 넣고 비벼서 껍질을 벗긴다.

02 ①의 은행을 색 요지에 2~3알씩 꿰고 잣으로 마감한다.

03 그릇에 가지런히 담는다.

Tip

은행껍질을 벗길 때, 소금물에 담갔다가 건져 물기를 제거하고 기름을 두르고 볶으면 더 새파랗다. 간혹 은행을 볶아 속껍질을 벗기면 노란빛이 나는 것이 있는데, 이것은 햇 은행이 아니라 묵은 은행이기 때문이다.

잣솔

예단음식 등에 붉은 명주실을 많이 쓰는데, 이때 일반적으로 매듭을 지어서는 안 된다. 살아가면서 매사가 술술 잘 풀리도록 하기 위한 뜻이 담겨 있기 때문이다.

재료와 분량

실백 100g, 솔잎 소량, 다홍실 2줄

만드는 방법

01 잣은 고깔을 떼고, 솔잎은 깨끗이 씻어 물기를 제거한다.

02 손질한 잣을 솔잎에 끼우고 홍색실로 잣 솔을 다섯 개씩 다발을 지어 적당한 길이로 자른다.

03 끝을 가지런히 하여 자른 후 그릇에 보기 좋게 담는다.

Tip

잣솔은 솔잎이 싱싱해야 잣에 좋으며 잣솔을 끼우기 위해 잣의 고깔 부분을 떼어내고 꽂아야 잘 꽂힌다. 또한, 붉은 색실은 솔잎을 돌려 감은 후 매듭을 짓지 않는 것이 일반적이다. 이때 한쪽 실 끝을 여러 개 솔잎 사이에 끼워넣은 후 당겨서 잘라내면 간편하다.

호두튀김

호두유과라고도 하며 튀긴 호두는 식으면 색깔이 진해지므로 튀김의 색이 연갈색일 때 건져야 좋다.

재료와 분량

호두 6개, 설탕 1/2작은술, 소금 1/8작은술, 식용유 1컵

만드는 방법

01 호두는 따뜻한 물에 잠깐 불린 후 2쪽으로 쪼개어 껍질을 깨끗이 벗긴다.
02 ①의 호두는 물기를 제거하고 열이 오른 기름에 노릇하게 튀겨낸다.
03 ②가 뜨거울 때 소금과 설탕을 뿌려 담는다.

Tip
호두의 속껍질은 섬유소이고 내용물은 지방이므로, 뜨거운 물에 넣으면 섬유소가 불어나서 지방과 분리되어 껍질이 잘 벗겨진다. 호두가 뜨거울 때 설탕을 고루 뿌려놓고 올록볼록한 곳에 설탕이 덩어리지지 않고 고르게 묻도록 살짝 털어내야 호두가 튀겨졌을 때 설탕 엿이 검게 얼룩지지 않는다. 튀김호두는 식으면 색깔이 진해지므로 튀김이 연갈색이 날 때 건져내야 한다.

생률

밤 깎는 것을 보통 '생률 친다'라고 하는데, 젯상에 올리는 밤을 손질할 때 이르는 말이다.

재료와 분량

밤 20개(400g), 물 2컵

만드는 방법

01 밤은 껍질을 벗겨 쌀뜨물에 담가 속껍질을 보기 좋게 돌려가며 벗긴다.
02 위아래를 편편하게 자르고, 돌려가며 모양을 내어 뜬 다음 물에 담근다.

Tip
밤의 속껍질에는 타닌성분이 많아 이를 이용한 율추숙수를 만들어 건강음료로 사용하기도 한다.

곶감쌈

곶감이 감보다 더 단맛을 내는 것은 감 중의 타닌성분이 저장기간 중 불용성으로 변하기 때문이다. 곶감에는 비타민 A, C가 많은데 C의 양은 사과의 8배나 된다.

재료와 분량

곶감 5개, 깐 호두 5개

만드는 방법

01 곶감은 부드럽고 말랑말랑한 것으로 골라서 표면의 하얀 분을 닦는다.
02 손질된 곶감은 한쪽에 칼집을 넣어 씨를 빼내고 펼쳐 놓는다.
03 호두는 따뜻한 물에 불려 반으로 갈라 심을 뺀 후 속껍질을 벗긴다.
04 껍질을 벗긴 호두는 마른행주로 물기를 닦는다.
05 손질된 호두는 펼쳐진 곶감에 모양대로 붙여놓고 말아서 꼭꼭 눌러 0.7cm 두께로 썰어 담는다.

Tip
곶감 표면의 하얀 가루는 과육 표면의 당분이 건조되는 과정에서 나타난 것으로 주성분은 과당과 포도당이다.

부록

조리용어해설

·

한식 등급별 안내

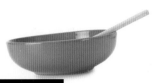

조리용어해설

[가]

가달박 자루바가지. 손잡이가 있는 나무바가지

가락 가늘고 갸름하게 토막진 물건

가랑무 뿌리가 두 개나 세 가랑이로 갈라진 무

가랑파 실파

가래 떡이나 엿 같은 것을 둥글고 길게 늘여놓은 토막

가루자반 메밀가루에 밀가루를 조금 섞고 소금물로 반죽하여 잣, 후추, 석이를 소로 해서 넣고 기름에 띄워 지진 반찬

가루장 보리쌀을 갈아 쪄서 메줏가루와 버무려 소금물로 담근 장

가룻국 밀가루를 묽게 푼 물. 열무김치 같은 풋김치를 담을 때 넣는다.

가리 소나 돼지 등의 갈비를 일컫는 말

가리맛 가리맛과의 바닷조개

가마 가마니의 준말/가마솥의 준말

가막조개 가막조갯과의 민물조개

가보 민어부레 속에 쇠고기, 두부, 오이 같은 것으로 소를 넣고 끝을 매어 삶아 익힌 음식

가시다 물로 부시어 다시 깨끗하게 씻음

가을보리 가을에 씨를 뿌려 이듬해 초여름에 거두는 보리

가조기 생선의 배를 타 넓적하게 펴서 소금을 치지 않고 말린 조기

간납 제사에 쓰는 소의 간이나 처녑 또는 어육으로 만든 저냐

간막국 소의 머리, 가슴, 족, 허파, 염통, 간, 꼬리 등 몸의 모든 부분을 한 토막씩 넣고 소금물에 끓인 국

간수 호렴에서 생긴 쌉쌀한 물

갈분 칡뿌리를 짓찧어 물에 담가서 그 가라앉은 앙금을 말려서 얻은 가루

갈비새김 소나 돼지의 갈비에서 발라낸 고기

감떡 찹쌀과 곶감을 절구에 넣어 찧고, 대추를 다져 함께 시루에 찌고, 잣과 다진 호두를 함께 섞어 경단처럼 만들어 꿀을 바른 떡

감복 마른 전복을 물에 불려서 꿀, 기름, 간장 등에 재운 음식

감분 감자녹말

감정 고추장찌개로 궁에서 부르던 말

감투밥 밥그릇을 위로 높이 담은 밥

갑회 육회의 한 가지. 소의 양, 처녑 등으로 만든 회

강고도리 물치나 가다랭이 등의 살을 삶아 뭉쳐서 소나무 등을 태워 훈연하면서 말렸다가 다시 햇볕에 말린 식품. 조미료로 쓰임

강남투생이 물에 불린 옥수수를 갈아 그대로 쪄서 팥고물을 묻힌 떡

강된장찌개 보통 된장찌개보다 됨직하게 된장맛을 강조하여 끓인 찌개

강반 쪄서 말린 쌀

강술 안주 없이 마시는 술/진한 술

강엿 고아서 켜지 않고 그대로 굳힌 검은 엿

강자 삶은 사슴머리의 고기를 잘게 썰어 돼지고기를 다져서 끓인 국에 넣고 염시, 갱각, 식초, 파 등을 넣고 끓인 국

강정 쌀가루를 술로 반죽하여 쪄서 반을 지어 그늘에서 말린 후 튀겨낸 것에 각색 고물을 묻힌 것

강회 실파, 미나리를 가볍게 데치고 편육, 버섯, 알지단 등을 썰어 예쁘게 말아 초고추장을 곁들여 내는 음식

개비 가늘게 쪼갠 나무토막의 조각

개역 볶은 곡식의 가루

개장국 개를 통으로 그을러서 깨끗이 씻어 각을 뜨고 내장을 빼고 토장을 푼 물에 미나리 한 손 묶음과 구멍 뚫은 호두 열 개(냄새를 없애기 위하여) 정도를 고기와 같이 끓인다. 다 끓으면 미나리와 호두는 건져내고, 파, 부추는 길쭉하게 썰어 넣고 푹 끓인 후 고기는 뜯어서 고춧가루, 후춧가루, 천초가루를 친 양념에 주물러 국에 넣고 먹는 음식

개피떡 설기떡을 쪄서 절구에서 친 떡을 얇게 밀어 가운데 소를 둥글게 빚어 넣어 반달 모양으로 만든 떡

객청 제사 때 손님이 거처할 수 있게 마련한 대청이나 방

갱 채소와 다시마 등을 넣고 끓인 국. 제사에 쓴다.

갱기 놋쇠로 만든 국그릇의 하나. 모양은 반병두리 같으며 크기는 그보다 작음

갱죽 끓인 김칫국이나 장국 또는 고깃국에 찬밥이나 쌀을 넣고 끓인 죽

갸자 음식을 나르는 들 것

거갑탕 장국에 녹말을 풀고 주로 조갯살, 송이, 은행 등을 넣고 휘저어 가면서 끓여 익힌 음식

거냉 조금 데워서 찬 기운만 없애는 것

거르다 체 같은 것으로 밭쳐서 국물과 건더기를 갈라냄

거리 오이, 가지 등의 50개를 단위로 하는 말

거상 잔치나 귀한 손님의 접대에 큰 상을 차려서 낼 때 먼저 풍류와 가무를 연주하는 일

거섶 비빔밥에 섞는 나물

거피팥 ① 팥의 껍질을 벗긴 것. ② 팥의 한 품종으로 껍질이 얇아서 벗기기 쉬운 까닭에 떡고물로 많이 쓰임

거피한다 곡류 등의 껍질을 벗김

건건이 간단한 반찬

건교자 술안주로만 차린 교자상

건단 꿀물 같은 것에 담그지 않고 그냥 먹는 경단 같은 것

건짐국수 삶은 칼국수를 찬물에 헹구어 장국에 만 음식

건치 말린 꿩고기. 새색시가 처음 시부모를 뵐 때 올리는 예물의 하나

걸다 액체가 묽지 않고 짙다/음식의 가짓수가 많다/음식을 닥치는 대로 가리지 않고 아무것이나 잘 먹는다.

걸랑 소의 갈비를 싸고 있는 고기

걸밥 먹다 남은 음식물

겅그레 솥에 무엇을 찔 때 물건이 솥 안의 물에 잠기지 않도록 받침으로 놓는 물건

겨자장 겨자를 내어 간장, 식초로 조미하여 만든 장

겨죽 쌀겨로 쑨 죽

견짓살 닭의 죽지 밑의 흰 살

경단 찹쌀가루나 찰수수가루를 끓는 물로 익반죽하여 끓는 물에 삶아내어 여러 가지 고물을 묻혀 만든 떡

경대면 밀가루에 소금을 넣고 반죽하여 얇게 밀어 납작한 끈같이 썰어 끓는 물에 삶아 찬물에 건져 헹구어 낸 칼국수의 한 가지

곁두리 일꾼들이 끼니 외에 참참이 먹는 음식. 샛밥, 곁밥, 곁누리

곁상 상에 음식을 다 벌여 차릴 수 없을 때 큰상이나 원상 곁에 덧붙여놓는 작은 상

고고리 가지나 오이의 꼭지

고내기 자배기보다 운두가 높고 아가리가 큰 오지그릇

고도리 고등어

고두밥 아주 된밥. 고들고들한 밥. 찐 밥

고들개 소의 위벽 살. 처녑의 너덜너덜한 부분

고락 낙지나 문어의 복부 또는 뱃속의 검은 물이나 물주머니

고량 수수

고리 고리버들의 가지나 대오리 같은 것으로 엮어 만든 상자

고배 과일이나 떡 등을 높다랗게 괴어 올려 담은 것 또는 괴어놓는 그릇

곡 곡식을 되는 데 쓰는 그릇 또는 세는 단위

곡연 흔히 중구일(9월 9일)에 임금이 가까운 사람들과 내원에서 하는 조그마한 잔치

곡회 친구끼리 여럿이 모여 하는 연회

곤이 물고기의 뱃속에 있는 알뭉치

곤자소니 소 대장의 골반 안에 있는 끝부분

곤쟁이 새우의 한 가지. 보리새우와 비슷하나 몸이 몹시 작다. 서해안에 서식하며 소금에 절여 젓을 담는다.

곤죽 부패된 죽

골금짠지 무말랭이와 말린 고춧잎 등을 찹쌀풀에 양념을 버무려 담근 반찬. 곤짠지

골동반 비빔밥. 비빔국수는 골동면

골무떡 가래떡을 3cm 정도로 짧게 자른 떡. 쑥을 넣은 푸른떡과 송기를 넣은 붉은떡을 흰떡과 함께 담아내기도 한다. 꿀이나 기름소금에 찍어 먹는다.

골왕이 우렁이, 골뱅이

골저냐 소의 머릿골을 삶아서 저민 것이나 등골을 밀가루에 묻혀서 계란을 씌워 지진 저냐

골탕 등골을 한 치 길이씩 잘라 밀가루를 묻혀 계란을 씌워서 지져 끓는 맑은 장국에 넣어 잠깐 끓인 국. 두골은 삶아 저미면서 저냐로 부처 넣는다.

골파 밑동이 마늘조각처럼 여러 개가 붙고 잎이 여러 갈래로 나는 파의 한 가지 분총

곯다 속으로 물크러져 상하다. 곡식 같은 것이 담은 그릇에 차지 않는다.

곰 고기나 뼈다귀를 함께 넣어 푹 끓인 진한 국

곰국 주로 쇠고기를 오랜 시간 끓여서 고운 국

곰삭다 젓갈 같은 것이 오래 묵어 푹 삭다

과정 강정, 유과, 전과, 다식 등 우리나라 고유의 과자류를 말한다.

과편 과일에 설탕을 넣어 잼처럼 조린 것을 말한다.

괴다 ① 술, 간장, 초 따위가 익느라고 거품이 솟아나는 것. 발효하다. ② 그릇에 떡, 과일을 차곡차곡 쌓아올리다.

구절판 아홉으로 나누어진 기명에 채소, 고기류 등을 고르게 담고 가운데 밀전병을 놓은 음식을 말한다.

[나]

나깨 메밀의 속껍질

나복 무

나이떡 액땜으로 음력 정월 보름에 식구의 나이 수대로 숟가락으로 쌀을 떠서 만들어 먹는 떡

낙낙하다 달짝지근하다. 크기, 수효, 무게 같은 것이 좀 남음이 있다. 넉넉하다.

난로회 음력 10월에 흔히 초하룻날 여러 사람이 모여 화롯가에 앉아 열구자 같은 음식도 갖추고 적도 부치고 고기도 구우면서 먹고 노는 일. 추위를 막는다고 먹는 시식

난총 부추

날반 애벌만 찧은 쌀로 지은 밥

내리다 가루 등을 체에 치다.

너비아니 쇠고기를 얇고 넓적하게 저며 양념하여 구운 음식

농병 양고기나 돼지고기에 파 섞은 것을 소로 한 만두를 광주리에 담아 찐 것

뇌다 더욱 보드랍게 하려고 다시 고운체로 치다. 체로 여러 번 치다.

누름적 재료를 양념하여 구운 다음 색깔을 맞추어 꼬챙이에 꿴 음식으로 화양적, 잡누름적 등이 있다.

느티떡 느티나무 새순을 따서 시루에 찐 떡

[다]

다관 차를 끓여서 담아둔 그릇

다듬다 푸성귀같이 못 쓸 부분을 떼어버리고 말끔하

게 하다.

다리쇠 화로 위에 걸쳐놓고 냄비나 주전자 같은 것을 올려놓게 만든 기구

다맥 볶은 보리

다반 찻그릇 등을 올려놓는 조그마한 쟁반, 차반

다식 곡식, 콩, 깻가루를 꿀로 반죽하여 다식판에 찍어낸 것

다지다 칼로 여러 번 쳐서 잘게 만드는 일. 파, 마늘, 고추장 등으로 양념장을 만들 때 쓰인다.

다탕 차, 과일, 과자 같은 간단한 음식

닦다 볶다, 덖다

단자 찹쌀가루에 석이나 대추 등을 다져 섞어서 찐 후 다시 쳐서 먹기 좋은 크기로 잘라 꿀과 고명을 묻혀낸 떡류. 주로 웃기떡으로 쓰인다.

달다 꿀맛과 같다. 끓이는 음식 같은 것이 너무 끓여 물이 거의 졸아들다./물건이 몹시 뜨거워지다. 너무 촘촘하다.

달이다 끓여서 진하게 만들다.

달치다 바싹 졸아들어 눌러붙다.

담북장 삶은 콩을 짚으로 덮고 더운 방에 며칠 두어 진이 나도록 띄운 후 소금, 마늘, 생강, 굵은 고춧가루를 넣은 찧은 장

대끼다 애벌 찧은 수수나 보리 등에 물을 쳐가며 깨끗하게 찧다.

대추편포 곱게 다진 살코기에 갖은 양념을 하고 대추 모양으로 빚어 실백을 박아 말린 마른반찬

더덕북어 한겨울에 명태를 덕장에 걸어 얼려가며 말린 북어

덕장 물고기를 말리려고 막대기 같은 것을 기둥 사이에 걸어 매어놓은 곳

덖다 물기가 조금 있는 고기나 채소 등에 덧물을 붓지 않고 눋지 않을 정도로 볶아 익히다.

데치다 끓는 물에 잠깐 넣어 삶아내다. 보통 대량의 맹물이나 묽은 소금물에 짧은 시간 내에 삶아내는 '삶는다'의 한 형태이다.

도 되

도도미 구멍이 굵게 엮어진 체

도라젓 숭어 창자로 담근 젓

되다 ① 밥이나 죽 또는 반죽한 것의 물기가 적어 빡빡하다. ② 말이나 되 같은 것으로 곡식이나 기름 등의 양을 헤아리는 일

되지기 밥이 거의 다 되어갈 무렵 찬밥을 그 위에 얹어 찌거나 데우는 것

떡수단 가래떡을 염주알만큼 빚어 꿀을 탄 오미자즙에 넣고 실백을 띄운 음료

[라]

란만두 계란을 풀어 파, 간장, 기름에 양념한 것을 양푼에 부어 깔고 만두소를 만들어놓고 그 위에 계란 푼 것을 부어 중탕한 음식

[마]

막장 메줏가루를 소금물에 걸쭉하게 말아 삼삼하게 담근 간장을 떠내지 않은 된장. 메주는 보통 메주나 따로 만든 막장메주를 쓴다. 보리밥이나 쌀죽을 섞어 넣고 고추장 담듯 담그기도 한다.

만청 배추 원종의 하나. 순무

멱서리 짚으로 날을 촘촘히 속으로 넣고 걸어 만든 곡식을 넣는 그릇

면미 밀가루와 메밀가루를 섞어 반죽하여 기계로 눌러 쌀알처럼 만든 것

명탁 맑게 거른 막걸리

무설기 무를 채쳐서 섞어 찐 시루떡

무솔다 푸성귀들이 축축한 습기로 물러져 썩다

민강 생강을 설탕에 조린 과자

밀쌈 얇게 부친 밀전병에 오이, 버섯, 알지단을 넣어 말아서 썬 여름철 음식

밀전병 밀가루를 반죽하여 둥글넙적하게 번철에 부친 떡

[바]

바라기 사발 종류로서 식기의 한 가지. 보시기만 하며 입이 그보다 훨씬 벌어진 사기그릇

바탱이 생김새가 중두리와 같으나 크기가 훨씬 작은 오지그릇

박탁 반죽한 밀가루를 나뭇잎처럼 얇게 손으로 비벼서 떼어 끓는 장국물에 넣어 만든 수제비의 한 가지

반기 잔치나 제사 음식을 나누어주기 위해 소반에 담은 음식

반대기 반죽한 가루나 다진 고기 등을 둥글넓적하게 만든 조각

반백 현미가 반쯤 섞인 쌀

반병두리 놋쇠로 만든 국그릇의 한 가지. 둥글고 바닥이 넓적하고 양푼처럼 생겼다.

방구리 물을 긷는 질그릇. 모양이 동이와 같으나 몸이 작다

밭다 건더기가 생긴 액체를 체 같은 장치를 통하여 액체만 받아내다.

배반 주석에서 사용되는 그릇의 총칭

벙거짓골 전골을 끓이는 냄비. 벙거지를 젖혀놓은 듯한 모양을 하고 있다.

변시 편수. 밀가루나 메밀가루를 얇게 밀어 한 치 사방으로 썰어 돼지고기, 파 등의 만두소를 넣고 피라미드 모양으로 싸서 오무려 찌거나 장국에 끓여서 익혀내는 음식

보리수단 햇보리를 삶아 낱알에 녹말가루를 묻혀 데쳐내어 꿀을 탄 오미잣물에 넣고 실백을 띄운 화채

보살감두 식품으로서의 돼지의 자궁

보시기 김치 같은 것을 담는 작은 사발

보풀떡 쑥굴이

복달임 복날 강가 같은 시원한 곳에 가서 음식을 장만하여 먹고 노는 일

복자 술이나 기름을 되는 데 쓰는 금속이나 자기, 유기 등으로 만든 그릇

부각 김, 깻잎 등에 찹쌀풀을 발라 바싹 말려서 튀긴 마른반찬

부꾸미 찹쌀가루, 밀가루, 수수가루 등을 반죽하여 둥글고 넙적하게 빚어서 번철에 지진 떡

부디기 삶은 국수를 가마에서 건져내는 데 쓰는 기구

부럼 정월 대보름에 깨물어 먹으면 부스럼을 면함. 밤, 잣, 호두, 콩류

부루 상추

부시다 그릇 같은 것을 물로 깨끗하게 씻는다

부아 소의 허파

[사]

산삼병 더덕을 짓이겨 찹쌀가루와 버무려 이겨 동전 같이 만들어서 기름을 지져 꿀을 바르고 잣가루를 묻힌 떡

산자 강정과 같은 방법으로 만드는데 모양을 네모나게 썰어 말렸다가 튀겨내어 여러 가지 고물을 묻혀낸 것

산적 고기를 꼬챙이에 꿰어서 구운 음식의 총칭

새갓통 귀때가 달린 바가지에 Y모양의 손잡이를 위에 단 그릇

새물 새로 나온 과실

새앙 생강

새옹 놋쇠로 만든 작은 솥. 배가 부르지 않고 평평하고 흔히 밥을 지어 솥째 상에 놓는다.

색병 밀가루나 쌀가루를 이겨 가늘게 늘려서 새끼모양으로 꼬아 기름에 띄워 지진 과자

석청 산속 바위틈에 벌이 친 꿀

선 채소를 위주로 한 찜요리. 오이선, 호박선, 가지선 등

선식 생선 반찬을 갖춘 밥

세반가루 찐 찹쌀을 말려 부스러뜨리거나 대강 빻은 가루

세반강정 찐 찹쌀을 말려 대강 빻은 세반가루에 꿀이나 조청을 묻혀 만든 강정의 한 가지

세찬 설날 세배 오는 사람에게 대접하는 시절음식

소득밤 겉껍데기를 벗기지 않고 반쯤 말린 밤. 살빛이 누렇고 맛이 달다.

소래기 운두가 약간 높고 접시 모양으로 생긴 넓은 질그릇

소뢰 나라에서 제사 지낼 때 양을 통째로 제물로 바치는 일

소병 불에 구워 만든 떡

송화가루 소나무의 꽃가루. 빛이 노랗고 달착지근한 향내가 나며 다식, 밀수 등의 음식을 만드는 데 쓰인다.

쇠나다 솥 등의 녹이 끓인 음식물에 묻어나다

쇠다 채소 같은 것이 너무 자라서 부드러운 맛이 없어지고 억세다

수구레 쇠가죽에서 떼어낸 기름 고기

수단 쌀가루, 보릿가루, 밀가루 등을 반죽하여 경단 같이 만들어서 꿀물이나 오미자물에 담가 먹는 고유의 음료. 6월 유두일에 만들어 먹는 시절음식

수정과 생강물에 곶감을 담가 불리고 꿀이나 설탕을 타서 단맛을 낸 음료

숙회 생선을 얇게 떠서 녹말을 묻혀 끓는 물에 데치거나 쪄서 만든 회

시루떡 시루에 떡가루와 고물을 켜로 안쳐서 찐 떡

신선로 수, 조, 어육류를 담아 한 그릇에 끓인 전골. 열구자탕, 구자라고도 함

쌈 상추나 양배추, 호박잎, 깻잎, 콩잎 등으로 밥을 싸서 먹는 요리

[아]

안반 떡을 반죽하거나 치거나 과방에서 음식을 만들 때 쓰이는 두껍고 넓은 나무판

알쌈 계란을 풀어 얇게 펴서 익힌 다음 잘 다진 고기를 싸서 반달처럼 만든 음식

암치 소금에 절여 말린 민어 또는 소금에 절여 말린 민어의 암컷. 수컷은 수치라 한다.

애저 49일된 돼지새끼를 잡아 통째로 삶아 건져 고기는 찢어 초고추장에 곁들여 먹고 국물은 깻잎, 양

파 등의 야채를 넣고 국을 끓임

애탕 어린 쑥을 끓는 물에 데쳐 곱게 이기고 고기도 다져서 함께 섞어 은행알만큼 빚은 다음 달걀을 씌워서 펄펄 끓는 맑은 장국에 넣어 익힌 국

약과 밀가루를 꿀과 술로 고르게 반죽하여 기름에 튀겨낸 과자류

약포 연한 쇠고기를 너비아니처럼 유장에 재웠다가 채반에 펴서 말려 꾸덕꾸덕하면 다시 진간장, 참기름, 꿀, 후춧가루 등을 섞은 것에 주물러 채반에 펴서 널어 말린다.

약포쌈 약포에 실백을 싸서 말린 것

어선 흰살 생선을 얇게 떠서 쇠고기, 채소류를 채썰어 볶아 넣고 말아서 쪄낸 음식

염포 얇게 썬 고기를 소금에 절여 말린 포

완자 쇠고기를 곱게 다져 소금, 파, 마늘, 후춧가루, 참기름 등으로 양념하고 새알만하게 빚어 번철에서 부쳐 고명으로 쓴다.

원소병 찹쌀가루를 반죽하여 경단보다 작게 빚어 끓는 물에 익혀 국물에 담가 먹는 우리 고유의 음료. 각가지 물을 들인다.

유밀과 밀가루나 쌀가루에 참기름과 꿀을 넣고 반죽하여 여물지도 무르지도 않게 만들어 기름에 지진 과자의 한 부류

율란 삶아 부순 밤에 계핏가루와 설탕으로 맛을 들여 다시 밤 모양을 만들어 꿀을 바르고 잣가루를 뿌린 숙실과

이명주 정월 대보름 풍습으로 아침상에서 마시는 귀밝이술

익반죽 곡류의 가루에 끓는 물을 넣어 가며 하는 반죽

임자수탕 영계 고아낸 국물에 깨를 볶아 갈아 밭친 국물을 섞어 미나리초대, 오이채 등을 띄워 만든 냉국

[자]

자반 저장해 두고 쓰는 반찬을 말하며 생선을 소금에 절인 반찬. 채소류나 해조류에 간장이나 찹쌀풀

을 발라 말린 것을 굽거나 기름에 튀겨서 만든 반찬. 짭짤하게 무치거나 조린 반찬

잣박산 잣을 꿀이나 엿에 버무려 반듯하게 모양내어 만든 우리나라 고유의 과자

잣즙 잣 간 것에 닭 국물을 섞은 것

장김치 무, 배추 등을 간장에 절여 미나리, 갓, 청각, 파 양념을 섞고 간장을 탄 물에 꿀을 쳐서 담근 김치

장산적 다진 쇠고기에 조미한 후 얇게 반대기를 지어 구운 다음 다시 조려낸 것

전과 과일이나 채소류를 얄팍하게 썰어 설탕이나 꿀에 조린 숙과

전유어 고기, 생선, 조개, 채소 등의 재료를 얇게 저미며 밀가루와 달걀을 풀어 묻히고 기름에 지져 익히는 요리. 전, 저냐, 전유화라고도 한다.

조과 자연식품을 가공하여 만든 한과

조란 찐 대추에 설탕을 고루 섞어 다시 대추 모양을 만들어 겉에 꿀을 바르고 설탕을 묻힌 것

조청 쌀, 옥수수 등의 곡류로 밥을 지어 엿기름물을 부어 삭힌 뒤 뭉근한 불에 오래 끓여 자루에 거른 후 다시 되직할 때까지 곤 일종의 물엿

조치 국물이 바특하게 끓인 찌개

족편 소머리, 소족 등을 고아 식혀 응고시킨 냉제음식

주악 찹쌀가루를 익반죽하여 소를 넣고 기름에 지지 듯이 튀겨내는 전병

즙청 꿀이나 조청에 푹 재워 달게 만드는 일

증편 멥쌀가루를 물과 막걸리로 반죽하여 적당히 부풀린 다음 각각 고명을 얹고 찐 떡

지단 계란을 황·백으로 나눈 것에 소금 간을 약간 하여 곱게 부친 것을 원하는 모양으로 썰어 고명으로 쓴다.

지짐누름적 꼬챙이에 재료를 꿰어 밀가루, 달걀을 씌워 전유어처럼 지져낸 것으로 김치적, 두릅적 등이 있다.

짠지 무나 배추를 양념하지 않고 통으로 소금에 절여서 묵혀두고 먹는 음식

[차]

차갈매 차가 가루가 되게 가는 맷돌

차반 예물로 가져가는 맛 좋은 음식. 맛있게 잘 차린 음식

처녑 소나 양 등 돼새김질하는 짐승의 제3위

천금채 상추

천리포 짐승의 고기를 술, 식초, 소금에 주물러 하루 재웠다가 삶아서 말린 반찬

첨장 단맛이 나는 간장

첫국 빚어 담근 술이 익었을 때 박아놓은 용수에 첫 번으로 떠내는 맑은 술

청장 진하지 않은 맑은 간장. 국간장

초 조림처럼 간장을 넣고 끓이다가 국물이 조금 남았을 때 참기름을 치고 물에 푼 녹말즙을 넣고 걸쭉하게 조린 것

초대 미나리와 실파를 꼬챙이에 나란히 꿰어 밀가루와 계란을 입힌 후 지져서 마름모나 골패 모양으로 썰어 고명으로 쓴다.

[타]

타래과 밀가루 반죽을 얇게 밀어서 타래과의 모양을 만들어 기름에 튀겨 꿀이나 시럽에 묻혀 실백가루를 뿌린 것

타래박 긴 자루에 바가지를 달아 맨 물을 푸는 기구. 두레

탁료 막걸리

탈삽 감의 떫은맛을 없애는 일

탕파 더운물을 넣어 몸을 덥게 하는 그릇. 쇠나 자기로 만든다.

탕평채 청포묵, 미나리, 쇠고기, 김을 양념장에 무쳐내는 봄. 가을철의 음식

태렴 밥, 국수 등에 더운 국물을 여러 번 부었다가 따라내어 데우는 일(퇴염)

태병 떠서 말린 파래

토분 쌀을 쓿을 때 섞어서 찧는 흰 흙가루

토장국 쌀뜨물에 된장을 풀어 넣고 끓인 국

토화 가리맛 조개

통드레 손으로 들고 다니는 물통

튀각 여러 가지 식재료를 기름에 튀긴 것의 총칭. 다시마튀각 등

튀하다 새나 짐승의 털을 뽑기 위해 끓인 물에 잠깐 넣었다가 건져내는 것

[파]

파배 손잡이가 달린 술잔

팔진미 중국에서 성대한 음식상에서 갖춘다고 하는 진귀한 여덟 가지 음식

편 떡·절편의 준말/앵두, 모과, 산자, 오미자 등 과일을 찌거나 삶아 끓여 체에 밭쳐서 꿀을 치고 조리다가 다시 녹말을 넣고 되직하게 조려서 틀에 부어 굳힌 음식. 넣은 과일의 이름 뒤에 붙여 그 이름을 따라 앵두편, 모과편 등으로 부른다.

편쇠 번철

편수 여름철에 먹는 만두로 소를 넣고 네모나게 싸서 식힌 장국을 부은 것

편육 고기를 삶아 익혀서 차게 눌렀다가 얇게 저며 써는 고기요리

편틀 떡을 괴어 올리는 데 쓰는 굽이 높은 그릇

편포 살코기를 도독하게 저미고 한편에 가로세로 잔 칼집을 많이 하여 반을 지어 갖은 양념으로 조미하여 말린 것

편포쌈 편포에 실백을 싸서 말린 것

푸새 산과 들에 저절로 나서 자란 풀의 총칭

푼주 아가리는 넓고 밑은 좁은 나부죽한 사기그릇

핏골집 순대의 한 가지. 돼지의 창자 속에 피를 넣어 삶거나 찐 음식

[하]

한식사리 한식 무렵에 잡은 고기

합사발 뚜껑이 있는 사발

합주 찹쌀로 빚은 여름에 만드는 막걸리의 한 가지

향애단 쑥을 데쳐 찹쌀에 섞어 경단을 만들고 꿀에 버무려 실백, 녹두고물을 묻힌 것

현구지 나무딸기

현수 술

현주 제사 때 술 대신 쓰는 냉수

화면 녹말가루를 오미자물에 풀어 익혀서 얇게 굳힌 다음 가늘게 썰어서 꿀물에 띄우고 실백을 띄운다.

화양적 햇버섯, 도라지, 고기 등을 조미하여 볶아서 꼬챙이에 꿴 것

황률 마른 밤

황아채 묻어둔 배추 뿌리에서 자란 순으로 만든 나물

황육 쇠고기

황채 늙은 오이를 잘게 썰어서 양념하여 볶은 나물/늙은 호박을 볶은 나물

회갓류 신선한 간, 처녑을 먹기 좋게 손질하고 호두나 잣 등을 싸서 만든 것

훈조 메주

흑당흑 사탕/조청

흑임자 검은깨

희아리 병들어서 말라 희끗희끗한 얼룩진 고추

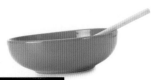

등급별 응시 자격 및 검정기준

1. 등급별 응시자격 기준

가. 조리산업기사 : 다음 각 호의 어느 하나에 해당하는 사람

1. 기능사 등급 이상의 자격을 취득한 후 응시하려는 종목이 속하는 동일 및 유사 직무분야에 1년 이상 실무에 종사한 사람
2. 응시하려는 종목이 속하는 동일 및 유사 직무분야의 다른 종목의 산업기사 등급 이상의 자격을 취득한 사람
3. 관련학과의 2년제 또는 3년제 전문대학졸업자 등 또는 그 졸업예정자
4. 관련학과의 대학졸업자 등 또는 그 졸업예정자
5. 동일 및 유사 직무분야의 산업기사 수준 기술훈련과정 이수자 또는 그 이수예정자
6. 응시하려는 종목이 속하는 동일 및 유사 직무분야에서 2년 이상 실무에 종사한 사람
7. 고용노동부령으로 정하는 기능경기대회 입상자
8. 외국에서 동일한 종목에 해당하는 자격을 취득한 사람

나. 조리기능장 : 다음 각 호의 어느 하나에 해당하는 사람

1. 응시하려는 종목이 속하는 동일 및 유사 직무분야의 산업기사 또는 기능사 자격을 취득한 후 「근로자직업능력 개발법」에 따라 설립된 기능대학의 기능장과정을 마친 이수자 또는 그 이수예정자
2. 산업기사 등급 이상의 자격을 취득한 후 응시하려는 종목이 속하는 동일 및 유사 직무분야에서 5년 이상 실무에 종사한 사람
3. 기능사 자격을 취득한 후 응시하려는 종목이 속하는 동일 및 유사 직무분야에서 7년 이상 실무에 종사한 사람
4. 응시하려는 종목이 속하는 동일 및 유사 직무분야에서 9년 이상 실무에 종사한 사람
5. 응시하려는 종목이 속하는 동일 및 유사 직무분야의 다른 종목의 기능장 등급의 자격을 취득한 사람
6. 외국에서 동일한 종목에 해당하는 자격을 취득한 사람

2. 등급별 검정기준

- 조리산업기사 : 해당 국가기술자격의 종목에 관한 기술기초이론 지식 또는 숙련기능을 바탕으로 복합적인 기초기술 및 기능업무를 수행할 수 있는 능력 보유
- 조리기능장 : 해당 국가기술자격의 종목에 관한 숙련기능을 가지고 제작 · 제조 · 조작 · 운전 · 보수 · 정비 · 채취 · 검사 또는 작업관리 및 이에 관련되는 업무를 수행할 수 있는 능력 보유

3. 조리산업기사 및 기능장 수검자 지참공구 목록

번호	재료명	규격	단위	수량	비고
1	위생복	상의-흰색/긴소매 하의-긴바지(색상 무관)	벌	1	*긴소매는 손목까지 오는 길이를 의미합니다. *위생복장(위생복 · 위생모 · 앞치마 · 마스크)을 착용하지 않을 경우 채점대상에서 제외(실격)됩니다.
2	위생모	흰색	EA	1	
3	앞치마	흰색(남녀 공용)	EA	1	
4	마스크	–	EA	1	
5	칼	조리용 칼, 칼집 포함	EA	1	조리 용도에 맞는 칼
6	도마	흰색 또는 나무도마	EA	1	시험장에도 준비되어 있음
7	계량스푼	–	EA	1	
8	계량컵	–	EA	1	
9	가위	–	EA	1	
10	냄비	–	EA	1	시험장에도 준비되어 있음
11	프라이팬	–	EA	1	시험장에도 준비되어 있음
12	석쇠	–	EA	1	
13	쇠조리(혹은 체)	–	EA	1	
14	밥공기	–	EA	1	
15	국대접	기타 유사품 포함	EA	1	
16	접시	양념접시 등 유사품 포함	EA	1	
17	종지	–	EA	1	
18	숟가락	차스푼 등 유사품 포함	EA	1	
19	젓가락	–	EA	1	
20	국자	–	EA	1	
21	주걱	–	EA	1	
22	강판	–	EA	1	
23	뒤집개	–	EA	1	
24	집게	–	EA	1	
25	밀대	–	EA	1	
26	김발	–	EA	1	
27	볼(bowl)	–	EA	1	

번호	재료명	규격	단위	수량	비고
28	종이컵	−	EA	1	
29	위생타월	키친타월, 휴지 등 유사품 포함	장	1	
30	면포/행주	흰색	장	1	
31	비닐백	위생백, 비닐봉지 등 유사품 포함	장	1	
32	랩	−	EA	1	
33	호일	−	EA	1	
34	이쑤시개	산적꼬치 등 유사품 포함	EA	1	
35	상비의약품	손가락 골무, 밴드 등	EA	1	

※ 지참준비물의 수량은 최소 필요수량이므로 수험자가 필요시 추가지참 가능합니다.

※ 지참준비물은 일반적인 조리용을 의미하며, 기관명, 이름 등 표시가 없는 것이어야 합니다.

※ 지참준비물 중 수험자 개인에 따라 과제를 조리하는 데 불필요한 조리기구는 지참하지 않아도 됩니다.

※ 지참준비물에는 없으나 조리기술과 무관한 단순 조리기구는 지참 가능(예, 수저통 등)하나, 조리기술에 영향을 줄 수 있는 기구를 사용한 경우 채점대상에서 제외(실격)됩니다.

※ 위생상태 세부기준은 큐넷–자료실–공개문제에 공지된 "위생상태 및 안전관리 세부기준"을 참조하시기 바랍니다.

한식조리산업기사 과제 현황

※ 실기시험은 작업형으로 시행되며 요구사항의 내용과 지급된 재료로 과제를 제한시간 내에 만들어 내는 작업으로 아래 과제 내용 중 한 유형이 출제됨. 주요 평가내용은 위생상태 및 안전관리, 조리기술, 작품완성도 등을 평가함

1. 비빔국수, 두부전골, 오이선, 어채(2시간)
2. 칼국수, 구절판, 사슬적, 도라지정과(2시간)
3. 편수, 오이/고추소박이, 돼지갈비찜, 율란/조란(2시간)
4. 만둣국, 밀쌈, 두부선, 3가지나물(2시간)
5. 규아상, 닭찜, 월과채, 모둠전(2시간)
6. 어만두, 소고기편채, 오징어볶음, 튀김(2시간)
7. 어선, 소고기전골, 보쌈김치, 섭산삼(2시간)
8. 오징어순대, 우엉잡채, 제육구이, 매작과(2시간)

한식조리기능장 실기 기출과제

1. 병시, 죽순채, 양동구리, 두부전골, 떡수단
2. 오징어순대, 우설찜, 깨즙채, 무말이강회, 과편
3. 멸치볶음, 부추나물과 도라지나물, 깻잎전과 새우전, 갈비구이
4. 삼치조림, 깍두기, 오이소박이, 된장조치, 완자탕, 간장과 초간장
5. 신선로, 율란, 조란
6. 온면, 장김치, 닭찜, 파전, 양지머리편육, 새우겨자채
7. 골동반, 무맑은장국, 어채, 떡찜, 우메기
8. 임자수탕, 규아상, 연근전과 두부선, 대하찜
9. 어채, 도미찜, 닭온반, 탕, 계강과
10. 버섯죽, 월과채, 대합구이, 어만두, 주악
11. 취나물, 장김치, 전복죽, 사슬적, 용봉탕
12. 닭겨자냉채, 대추죽, 도미찜, 느타리버섯산적, 영양밥과 아욱된장국
13. 마른안주(생률, 은행꼬치, 호두튀김, 매듭자반)
14. 석류탕, 구절판, 사슬적, 잣구리
15. 밀쌈, 대하잣즙무침, 도미찜, 석류탕, 도라지정과
16. 호박오가리찌개, 임자수탕, 미나리강회, 승기악탕, 오이감정
17. 어만두, 매작과, 월과채, 게감정, 대하찜
18. 어알탕, 삼합장과, 도미면, 어선, 개성약과
19. 골동면, 편수, 장김치, 찹쌀부꾸미, 섭산삼
20. 오이감정, 게감정, 초교탕, 보쌈김치, 대추단자
21. 궁중닭찜, 꽃게찜, 느타리산적, 강란, 어채
22. 삼계탕, 사슬적, 우메기, 조랭이떡국, 가지선
23. 꽃게찜, 백합죽, 궁중닭찜, 장김치, 장떡
24. 떡찜, 조랭이떡국, 생선전, 표고전, 애호박찜, 면신선로, 원소병
25. 편수, 두부선, 갈비구이, 밤초, 대추초
26. 편수, 두부조림, 오이나물, 대합구이, 화양적, 마른 찬(북어포, 다시마)
27. 대추죽, 쇠고기편채, 어만두, 장김치, 모약과
28. 조랭이떡국, 삼색전(생선, 호박, 새우), 섭산삼, 대하찜
29. 두부선, 율란, 조란, 장김치, 석류탕, 어만두
30. 신선로, 양동구리, 월과채, 삼색보푸라기, 떡수단
31. 우설찜, 깨즙채, 무말이강회, 오징어순대, 과편
32. 규아상, 삼치조림, 된장조치, 오이소박이, 깍두기
33. 골동반, 무맑은국, 떡찜, 어채, 우메기
34. 전복죽, 용봉탕, 취나물무침, 사슬적, 장김치
35. 5첩반상(아욱국, 명란젓찌개, 갈치조림, 너비아니, 미역자반, 부추김치, 녹두빈대떡)

※ 조리산업기사, 조리기능장 자격증을 취득하면 학사과정 인정 교육기관에서 조리산업기사(24학점), 조리기능장(36학점)을 인정해 주므로 대학 진학 시 많은 도움이 됨

참고문헌

1. 단행본

강인희, 한국식생활사, 삼영사, 1990.

강인희, 한국식생활풍속, 삼영사, 1985.

강인희, 한국인의 보양식, 대한교과서주식회사, 1995.

김숙희 외, 식생활의 문화적 이해, 신광출판사, 2003.

농촌진흥연구소, 식품성분표, 농촌진흥청, 1996.

미우라 마사요 감수, 황지희 옮김, 몸에 좋은 음식물 고르기, 사람과 책, 2000.

박일화, 식품과 조리원리, 수학사, 1994.

봉하원, 한국요리해법, 효일, 2000.

식품재료학사전, 한국사전 연구사, 1997.

신미혜, 신미혜의 손맛공식요리법, 세종서적, 1998.

신미혜, 엄마도 모르는 양념공식 요리법, 세종서적, 1996.

신미혜 외, 생활조리, 신광출판사, 2000.

신민자 외, 식품조리원리, 광문각, 2002.

심상용, 약용음식물 백선, 보건신문사, 1990.

염초애 외, 한국음식, 효일문화사, 1999.

유태종, 음식궁합, 둥지, 1994.

윤서석, 식품문화사, 수학사, 1998.

윤서석, 한국식생활문화의 개요, 국민영양, 1988.

윤서석, 한국식품사연구, 신광출판사, 1974.

윤숙경, 우리말조리어사전, 신광출판사, 1996.

윤숙자, 한국의 저장발효음식, 신광출판사, 1998.

윤은숙, 한국의 음식, 효일문화사, 1999.

이서래, 한국의 발효식품, 이화여자대학교출판부, 1992.

이성우, 식생활과 문화, 수학사, 1998.

이성우, 한국식품사회사, 교문사, 1984.

이성우, 한국요리문화사, 교문사, 1985.

이순옥 외, 전통식품과 조리, 효일문화사, 1997.

이효지, 한국의 음식문화, 신광출판사, 1999.

장학길, 현대인의 건강을 위한 식품정보, 신광출판사, 1999.

정영도 외, 식품조리재료학, 지구문화사, 2000.

정지현 외, 한국음식대관, 4권, 한국문화재보호재단, 2001.

조창숙 외, 한국음식대관, 2권, 한국문화재보호재단, 1999.

최진호, 바다음식을 먹어야 하는 101가지 이유, 교문사, 1999.

홍진숙 외, 식품 재료학, 교문사, 2012.

홍태희 외, 현대 식품재료학, 지구문화사, 2000.

황혜성, 한국의 전통음식, 사단법인 궁중음식연구원, 1993.

황혜성 외, 한국음식대관, 6권, 한국문화재보호재단, 1997.

2. 논문

김상철, 축제행사와 연관된 한국 전통음식 개발 및 전승에 관한 연구, 문화관광연구, 5(1) : 95-127, 2003.

김성미, 경북지역 대학생의 전통음식에 대한 태도(2): 전통음식에 대한 인지도, 세시풍습에 대한 태도 및 라이프스타일과의 관계, 한국조리과학회지, 17(2) : 49-58, 2001.

민계홍, 향토음식에 대한 전북지역 대학생들의 인지도 및 기호도에 관한 연구, 한국조리학회지, 9(2) : 127-147, 2003.

윤은숙·송태희, 우리나라 향토음식의 인지도에 관한 연구, 한국조리과학회지, 11(2) : 145-152, 1995.

이영남·신민자·김복남, 전통음식의 현황에 관한 연구, 한국식생활문화학회지, 6(1) : 71-81, 1991.

장은주·이윤경·이효지, 전통음식에 대한 의식과 식생활행동에 관한 조사연구: 서울 및 경기도 일부지역 주부들을 중심으로, 한국식생활문화학회지, 11(2) : 179-206, 1996.

■ 저자 소개

신미혜

세종대학교 대학원 가정학박사(조리학 전공)
세종투자개발(주) 세종호텔 한식조리부장
대한민국 조리명장 심사위원
조리기능장, 조리산업기사, 한식조리기능사 출제 및 시험위원
경기도 으뜸음식점 평가위원
청정원, CJ식품연구소 등 요리자문
저서 : 기초한국음식, 고급한국음식, 식품재료학 외 다수
현) 한국외식산업학회 부회장
　　을지대학교 식품산업외식학과 교수

이순옥

세종대학교 대학원 이학박사(조리학 전공)
국가공인 대한민국 조리기능장 여성 1호(1993. 노동부장관)
조리기술지도사 자격증(1994. 상공부장관)
대한민국 조리명장 심사위원
세부직무조리분야 전문위원(고용노동부장관)
KBS, MBC, SBS, YTN, EBS 요리프로그램 출연 중
저서 : 먹고싶은 우리떡, 우리음식, 버섯요리 100선, 초근목피약선 외 다수
현) (사)한국조리기능장협회 이사장, 한국조리학회 부회장
　　한국관광대학교 호텔조리과 교수

남상명

세종대학교 대학원 가정학박사(조리학 전공)
전북과학대학교 교수
한식조리기능사 출제 및 시험위원
국가인적자원개발 컨소시엄 심사위원
국가기술자격제도심의위원회 조리분야 전문위원
한국관광공사 깨끗한 식당선정위원
저서 : 한국의 전통음식, 변증약선, 식품재료학 외 다수
현) 숭의여자대학교·신한대학교 강사

저자와의
합의하에
인지첩부
생략

한국의 맥, 전통음식

2014년 8월 20일 초판 1쇄 발행
2023년 1월 10일 초판 4쇄 발행

지은이 신미혜 · 이순옥 · 남상명
펴낸이 진욱상
펴낸곳 백산출판사
교 정 편집부
본문디자인 강정자
표지디자인 오정은

등 록 1974년 1월 9일 제406-1974-000001호
주 소 경기도 파주시 회동길 370(백산빌딩 3층)
전 화 02-914-1621(代)
팩 스 031-955-9911
이메일 edit@ibaeksan.kr
홈페이지 www.ibaeksan.kr

ISBN 978-89-6183-089-8 93590
값 30,000원

* 파본은 구입하신 서점에서 교환해 드립니다.
* 저작권법에 의해 보호를 받는 저작물이므로 무단전재와 복제를 금합니다.
  이를 위반시 5년 이하의 징역 또는 5천만원 이하의 벌금에 처하거나 이를 병과할 수 있습니다.